园野

乡愁

[加] 王其钧 著

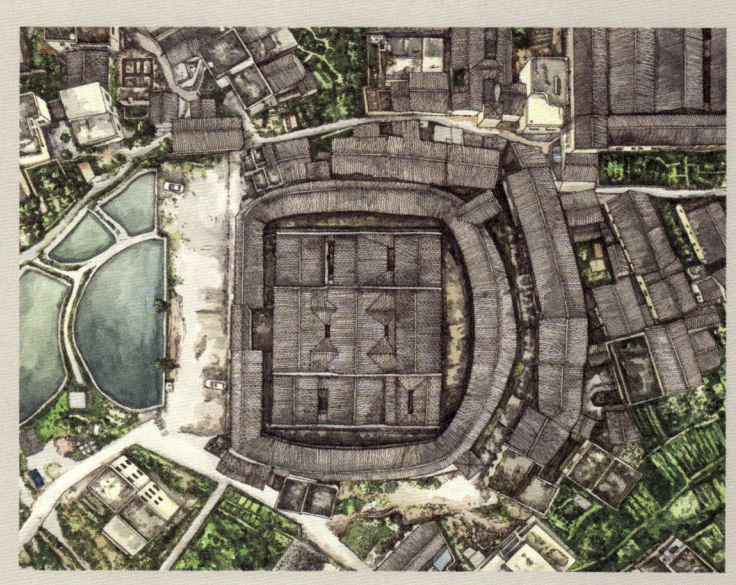

机械工业出版社
CHINA MACHINE PRESS

中国古村落、古镇、公共园林、寺观祠庙园林是根源于中华文化的独特印记，是中华大地上的瑰宝，蕴含着丰富智慧和无穷魅力，唤起人们对家乡的热爱。本书以细腻的文字和精美的绘图，从与自然环境和谐相处、历史与文化发展、空间布局与特色、园林及建筑营建方法、植物配景等方面，诗情画意地对16座古村落、17座古镇、35处公共园林、18处寺观祠庙园林进行了生动的介绍，并重点对公共园林进行了系统的解读，使读者深入了解中国传统村镇与公共游园设施文化。本书读者为园林、建筑专业相关人员及对中国文化感兴趣的大众读者。

北京市版权局著作权合同登记　图字：01-2024-4598。

图书在版编目（CIP）数据

园野乡愁/（加）王其钧著. -- 北京：机械工业出版社，2025.4. -- ISBN 978-7-111-77983-4

Ⅰ. TU-092.2

中国国家版本馆 CIP 数据核字第 2025ZZ4825 号

机械工业出版社（北京市百万庄大街22号　邮政编码100037）
策划编辑：赵　荣　　　　　　　　责任编辑：赵　荣　李宣敏
责任校对：王文凭　马荣华　景飞　封面设计：鞠　杨
责任印制：李　昂
北京利丰雅高长城印刷有限公司印刷
2025年6月第1版第1次印刷
148mm×210mm・9.625印张・2插页・249千字
标准书号：ISBN 978-7-111-77983-4
定价：99.00元

电话服务　　　　　　　　　　　网络服务
客服电话：010-88361066　　　　机　工　官　网：www.cmpbook.com
　　　　　010-88379833　　　　机　工　官　博：weibo.com/cmp1952
　　　　　010-68326294　　　　金　书　网：www.golden-book.com
封底无防伪标均为盗版　　　　　机工教育服务网：www.cmpedu.com

前言 PREFACE

  乡愁是一种对故乡的深切思念和情感依恋，源于对家乡的自然风光、亲人朋友、文化习俗或个人成长经历的回忆，是人类情感中非常普遍和深刻的部分。

  "园"字在《说文解字》中的解释为"园，所以树果也"，《诗经》中也有"园者，圃之樊，其内可树木也"的注解。"园"本义是指种植果蔬的地方，后来引申义指供人娱乐游览的地方，因此也就有了此后的公园、游乐园等概念。"野"字在《说文解字》中的解释为："野，郊外也"，也就是广阔的自然山林。园野是人们对故乡的统一概念，故乡的村落、城镇，在儿时的记忆里充满了新奇，是生活之地，也是日常冒险的所在；故乡的名胜、山川，幼小时是老人口中的动人故事，长大时是每每眺望或登临时的感慨，离家时是每每提及心中都会涌升骄傲之情的那个部分。故乡的园野，在人们的记忆里都曾是美好生活的乐园，是成长的一部分，也烙印在游子的心中，成为最深的思乡印记。

  园野乡愁是乡愁中常见的种类，不同于对亲人故友、乡音美食的具象化思念，园野中的村落、城镇和自然山水间的名胜古迹、寺庙祠观是根源于中华文化的印记，它们更抽象、范围更广，但感染力却更强。中华大地疆域广阔，人们生活在不同地区，讲着各地方言，但有着相同的文化渊源，这也使得在外的游子，即使来处各异，但在托物思乡之情上的沟通方面，彼此却能够心意相通，拥有一样的乡愁体验。这种情感古来即有，很多脍炙人口的古诗，就表达了旧时人们的园野乡愁：

"采菊东篱下，悠然见南山"（陶渊明《饮酒》）。不管是否曾经生活在山边的村落，都能够对这种遥远恬淡的乡愁感同身受。

中国各地地理风貌不尽相同，因此吸引着各个时期的文人墨客流连于各地的名山大川、山水人家之间，也留下了许多脍炙人口的经典作品。各地的乡野景观形象，也随着这些作品的流传而深入人心。每每念及某地，人们竟然会有：虽然从未踏足一地，却依然有乡愁萦绕于心，心驰神往许久的感受也不足为奇了。

人们对于村落和城镇的乡愁是对乡村自然环境和田园生活的怀念，对于历史渊源久远或声名在外的名山大川公共园林和寺观祠庙园林的乡愁，则是对于广阔的自然景观和丰富的历史、文化名人、传奇故事的向往与怀念。这种乡愁是由文化认同感所引发的，寻求的是心灵的慰藉与情感上的归属感。

比如人们对于村落、城镇的乡愁，不仅包含对于故乡亲人的思念，也不仅限于曾经生活于此地的人们，这种乡愁的情感还包含了对开阔田野、清新空气、季节更替、农耕生活及与自然和谐共处的向往。"故人西辞黄鹤楼，烟花三月下扬州"（李白《黄鹤楼送孟浩然之广陵》），"稻花香里说丰年，听取蛙声一片"（辛弃疾《西江月·夜行黄沙道中》），"青青园中葵，朝露待日晞"（汉乐府《长歌行》），这些诗句描绘了田园生活的宁静与美好。

古镇中的新年庆祝活动 ◂

对村落的乡愁是人们把对家乡的自然风光、邻里关系、传统节日和习俗活动联系在一起的回忆和思念。熟悉的村落景象，如袅袅炊烟、鸡鸣狗吠、田野的翠绿和金黄、亲切的邻里关系，邻里之间的互助和关怀，以及共同参与的节日庆典活动。传统的节日和习俗，如春节的鞭炮、中秋的团圆、端午的龙舟赛等。家乡的美食，如地方特色的小吃和家常菜，妈妈的手艺、地方的特产。童年的回忆，如在村落中成长的经历，与玩伴的嬉戏，以及长辈的教诲。古人有一些诗句，能够唤起人们对村落乡愁的情感："少小离家老大回，乡音无改鬓毛衰"（贺知章《回乡偶书二首·其一》）"举头望明月，低头思故乡"（李白《静夜思》），"独在异乡为异客，每逢佳节倍思亲"（王维《九月九日忆山东兄弟》），"故乡何处是？忘了除非醉"（李清照《菩萨蛮·风柔日薄春犹早》），这些诗句表达了对故乡的深切思念和对村落生活的怀念。

对城镇的乡愁是一种对城市生活的怀念，包含了人们对城镇特有的文化、建筑、街道、生活节奏及与城市生活密切相关的人和事的回忆。城镇的地标和建筑，如古老的寺庙、钟楼、市场或老桥，熟悉的街道布局、熙熙攘攘的市场、安静的小巷。城镇的文化和艺术，如旧书摊、报廊、剧院和街边长凳，朋友聚会、节日庆典、街头的民俗表演等。城镇的美食，如地方特色的小吃、餐馆和夜市。古人也有一些诗句是描写这样一种感觉的，如"城阙辅三秦，风烟望五津"（王勃《送杜少府之任蜀州》），"春风得意马蹄疾，一日看尽长安花"（孟郊《登科后》），"故人入我梦，明我长相忆"（杜甫《梦李白二首·其一》）。

对公共园林的乡愁通常与对特定场所的温馨记忆和情感联系有关。公共园林往往是一片宁静之地，为人们提供了放松身心、享受自然的空间。公共园林里的某个角落，可能是人们童年时玩耍的地方，或是与朋友共度时光的场所，这些记忆使得公共园林在人们心中有着特别的意义。春天的花朵盛开、夏天的绿荫、秋天的落叶和冬天的雪景，公共园林随着季节的更迭呈现出不同的风貌，这些变化可能唤起你对过去时光的怀念。早晨的慢跑、午后的散步、傍晚的闲坐，公共园林是人们生活的一部分，它的宁静和美丽可以为人们带来心灵的慰藉。公共园林是家人、朋友相聚的地方，无论是野餐、游戏还是简单的聊天，这些社交活动加深了人们对公共园

古代绘画中的园野时光

林的情感依赖。

很多寺观祠庙园林都承载着丰富且浓厚的历史和文化，不仅园林中的建筑遗存十分珍贵，园林中的一树、一山、一水、一物，也都可能有着动人的故事，代表着某种特定的意义，带给人们特定的情愫，自然成为人们乡愁的一部分。"绿树村边合，青山郭外斜"（孟浩然《过故人庄》），"曲径通幽处，禅房花木深"（常建《题破山寺后禅院》），"薄暮空潭曲，安禅制毒龙"（王维《过香积寺》），这些诗句描绘了自然景观和特定的文化氛围带给人心灵上的宁静和感悟，这是特定场所的乡愁情绪，激发了人们对寺观祠庙园林所蕴含独特氛围的共鸣。

乡愁是一种深刻的情感体验，它可能伴随着对过去美好时光的怀念和对故乡的深深眷恋，也可能是名篇诗句、传说典故在特定场所下引发的情感共鸣。虽然乡愁本身可能带有一丝想念的忧伤，但它可以作为一种情感的寄托，帮助人们在远离家乡时找到心灵的慰藉。乡愁加深了人们对自己文化和身份的认同，乡愁有助于文化的传承，通过思念家乡，人们会更加珍视和传承自己的文化传统。乡愁可以成为与他人建立联系的桥梁，共同的乡愁经历可以拉近人与人之间的距离。乡愁可以作为一种情感的释放方式，让人们有机会表达对家乡的思念和对亲人的牵挂。乡愁可以激励人们为了更好的生活而努力，无论是为了自己还是为了家乡的发展。乡愁激发了人们的创造力，许多艺术作品、文学作品和音乐作品都是由乡愁激发的灵感创作而成。

王其钧

CONTENTS 目录

前言

古村落——远村月更明

- 003 古村喧嚣时
- 004 远村有深意
- 007 斑驳陆离阳光下的家
- 012 彩云之南的似曾相识
- 014 高墙戒备下那个精致又放松的家
- 023 粉墙黛瓦的封闭院落
- 029 丽水相伴,顺势而居
- 032 隐世石头村
- 034 已有他乡为故乡,心中仍念吾客家
- 038 金戈铁马的回忆
- 040 风雨桥上话风雨
- 046 云上的人家
- 050 蓝天白云下的碉房
- 059 记忆中那个红火又洋气的家乡
- 062 山间水畔跷脚立,顺风顺水吊脚楼

066 与山峦相映成趣的田园画卷
069 远山深处有人家
070 雪山沙漠相伴的温馨人家

古镇——被重新定义的时光

076 **古镇故事多**
079 **时光的记忆**

084 山城古镇忙
092 侨乡万国汇
094 山上的船形街
096 蓝色喀赞其
097 淡墨渲染的水乡明珠
098 乌篷船里话古今
100 幽雅闲静赏塔影
102 五桥步月的鉴湖水景
105 雷公山下的千户人家
108 祥符调里忆往昔
109 赤水河上的重镇
111 黄河碛口古渡忙
113 铜墙铁壁砥泊城
115 水上凤凰城
117 高山下的水乡
119 高原纺织乡
120 岁月沉淀的时光隧道

公共园林——山高水长入园来

- 124 江山风光好，园林盛世多
- 138 园即构造，构造即园
- 145 曲径通幽处，廊亭飞檐起
- 158 密叶枝枝绿，飞花片片轻
- 164 美景如画里，对月吟清风

- 170 燕子楼佳人
- 174 一诗闻名鹳雀楼
- 174 烟波江上黄鹤楼
- 176 把酒临风岳阳楼
- 177 滕王高阁临江渚
- 179 户部山上戏马台
- 180 西子湖畔光阴短
- 186 瘦湖心仪久
- 193 南湖烟雨濛
- 196 兰亭流觞
- 198 天平山三绝
- 200 春晓莫愁湖
- 201 吞江醉石燕子矶
- 202 大明湖畔聚名士
- 207 趵突泉上濯尘土
- 208 三仙山地万象集
- 209 似真似幻蓬莱阁
- 211 华清池水洗凝脂

- 214 惠山云起现美景
- 216 望海楼上忆往昔
- 217 玉屏云海涌
- 218 陶然亭下赏名亭
- 220 红楼一梦大观园
- 222 社稷地中山园
- 222 西山塔影香山园
- 226 红楼水乡再观园
- 228 古往今来竹猗猗
- 231 灵山望仙谷
- 231 第一长联大观楼
- 234 赏枫佳处爱晚亭
- 235 山水画卷楠溪江
- 240 地灵人杰徽州园
- 242 一镜天开静必居
- 243 东湖忆古
- 245 鼋头渚上赏太湖

寺观祠庙园林——心驰神往地

250 **空谷寻道,远山结庐**

254 **寄情山水,山水有情**

257 三晋渊源地
259 伏牛归隐处,老君山上寻
264 东岳神府岱庙
265 苍岩山上桥楼殿
266 浣花溪畔的杜甫草堂
270 鉴真讲经处,扬州大明寺
271 武侯魂归处,君臣合祀祠
273 范蠡归隐处
274 杭州孔庙

276 姑苏城外寒山寺
277 摄山栖霞处
278 天下文枢聚秦淮
280 望金山,忆古今
282 道家圣地武当山
287 净土东林文风盛
288 天台山罗汉地
290 龙头山麓宝陀寺
292 洱海遗珠小普陀

294 **参考文献**

古村落

——远村月更明

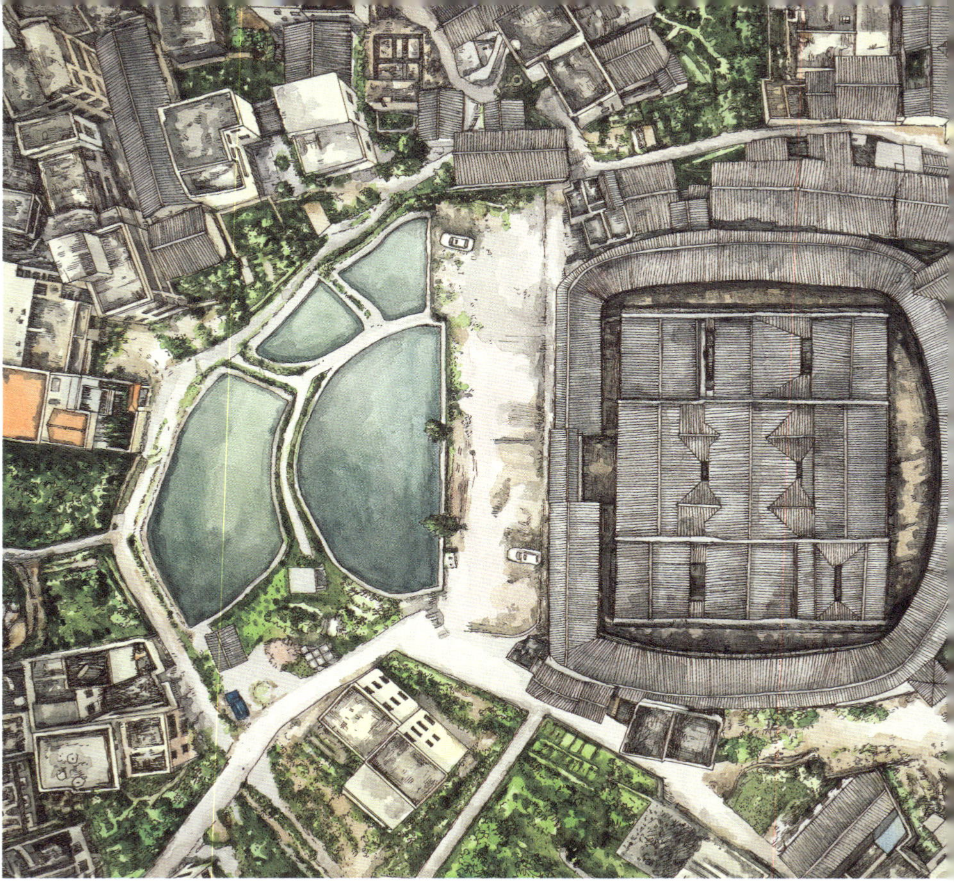

龙南杨村乌石围：赣南地区的围屋不仅在兴建时讲究地势、方位等因素，还代代相传，具有较长的居住历史

积善村：山西省晋城市陵川县积善村三圣瑞现塔始建于金大定六年（1166年），此塔又名积善塔，村以塔命名，可见村庄悠久的历史。为了不破坏古建的风貌，村中后建的水塔也依照古塔的样式修造，形成了双塔并立的景观

古村喧嚣时

古村落通常是指历史悠久且保留了许多传统建筑和文化习俗的村庄，具有独特的魅力，能够唤起人们对过去生活的回忆和怀旧之情。

古村落的形成往往要经过漫长的历史过程，而古村落之所以形成特色或者在本区域著名，离不开优质的自然环境和浓厚的人文背景，另外一个必不可少的重要因素就是经济的发展。因为古村落的发展不仅需要建筑的修造，还有与之相配的道路、公共建筑等的发展，而这些与一定的经济基础密不可分。许多今天已经沉寂的古村落，在历史上都曾经是喧嚣的区域经济、文化中心。

许多古村落都曾位于重要的交道要道上，人员和物资的聚集也给村落带来了丰裕的经济和文化，由此成为区域社会生活的中心，带来建筑的繁荣，古村落由此发展起来，形成地区特色。此外，一些古村落则是由悠久的文化历史传承而来的，如徽州地区历来有衣锦还乡和重文、重商的传统，文风鼎盛和充足的资金支持，使得村落不仅注重民居建筑的建造，还特别注重祠堂、私塾等公共建筑的建造，长久以来的传承，也造就了文化气息浓郁，建筑类型丰富的古村落面貌，使这些古村落不仅成为历史建筑发展的记录者，也成为当地风俗、历史与人文景观的记录者。今天看起来偏远的古村落，在遥远的过去可能曾是本地经济和文化生活的中心，也曾经是喧嚣的集市和繁华之地，才有了精美的建筑、丰富的区域风俗传统和悠久的发展历史，以及许多的名人雅士。

古村落中的房屋、祠堂和其他建筑通常采用传统的建造技术和材料，如石头、木材和土、砖等。这些建筑的设计风格和装饰细节反映了当地的历史和文化。许多古村落拥有古老的城墙、城堡、祠堂、坛庙或其他历史遗迹，这些遗迹见证了村庄的发展和变迁。古村落中的居民保留着传统的节日庆典、手工艺和民间艺术，这些都是文化传承的一部分，也是怀旧情感的来源。古村落周围的自然环境，如山脉、河流和田野，往往与村落的历史和文化紧密相连，人们在与自然长期的相处中，已经形成了一种与自然和谐共存的生活方式。相较于现代都市的快节奏生活，古村落的生活节奏通常更加宁静和悠闲，这种单纯的慢生活也是许多人怀旧的原因之一。每个古村落都有自己的故事和传说，这些故事往往与村落的历史紧密相连，得以让人们更好地了解过去。

远村有深意

位于各地的远村山寨，就像是历史发展的印记，在时间与空间两个维度上保存着当地历史发展的文化气息。古建筑、村庄布局乃至村貌形象，都是当地家族起源、宗族发展、村落不同时期文化经济更替等历史文明发展的轨迹。古村落在当代更是成为一种文化和经济资源，也反映了人类与自然和谐共生的新阶段发展特色。

水乡水街：江南水乡的村落呈现出与水的亲密关系，尤其是临河人家，不仅在陆地街巷一面设有大门，在靠近河道一面还设有私家码头，以供撑船出入 ▶

古村落的建筑布局往往顺应自然地形，如山坡、河流等，以减少对自然环境的破坏，通常反映了当地的自然环境、文化传统、社会结构和生活方式。在一些地区，古村落的建筑布局具有防御功能，如寨墙、寨门、护村河等，以抵御外来侵扰。许多古村落的建筑布局是对称式的，以祠堂、庙宇或公共广场为中心，周围环绕着住宅和其他建筑。古村落中的道路和巷子组成了错综复杂的内部交通网络，这些道路网络通常既有利于居民的日常出行，也具有一定的隐蔽性和防御性。

古村落中的住宅多为院落式，即房屋围绕一个或多个院落布局，院落内可种植花草、晾晒衣物等。古村落的建筑往往又按功能布局，层次分明，如住宅、商业、宗教等，各功能区域相对独立又相互联系。在一些水乡古村落，水系是村落布局的重要组成部分，如河道、池塘、井等，与建筑和巷道紧密相连。古村落的建筑布局还与当地地理位置、气候等息息相关，表现为注重风水因素，如建筑的朝向、位置等，如在炎热的地区，建筑布局时注重通风和遮阳，而在寒冷地区，建筑布局则更加注重防风和保暖，以求得人与自然的和谐。古村落一些特定的建筑中设置的元素具有文化象征意义，如门楼、牌坊、石狮、石敢当等。

在古村落中漫步，人们常常会体验到一种穿越时空的感觉，仿佛走进了一幅生动的历史画卷。古村落承载着丰富的历史信息，每一块石板、每一堵墙、每一座房子都可能有着悠久的历史和各种故事，让人感受到时间的延续和历史的厚重。与现代都市的喧嚣相比，古村落往往更加宁静，可以让人放慢脚步，享受平和与安详。古村落常常与周围的自然环境和谐共生，漫步其中，可以欣赏到未经雕琢的自然美景，如田野、山林、溪流等。每个古村落都有其独特的文化和传统，从建筑风格到民俗活动，从手工艺品到地方美食，都体现了浓郁的地方特色。在古村落中，人们可能会被那些古老的智慧和生活哲学所触动，古村落中的小巷、角落和不为人知的故事都充满了吸引力，也引发人们对现代生活的反思。对于那些对过去有着美好记忆的人来说，古村落可能会唤起怀旧情绪，让人想起童年或旧时光。

总之，置身于古村落中会得到一种独特的体验，让人们有机会暂时脱离日常生活的快节奏，沉浸在一种更加质朴、宁静和与自然和谐相处的生活方式中。

斑驳陆离阳光下的家

木楞房也称为木刻楞房，是井干式结构的民居形式，也是一种非常古老的民居形式，从出土的相关文物来看，木楞房建筑至少已经有两千年以上的历史。在回顾中国古老民居住宅的时候，首先就会想到木刻楞住宅，因为这是就地取材树木，而且不需要过多的加工就能够搭建起的庇护所。木楞房主要分布在森林资源丰富的山区，因其全木材的建筑结构形式，内部冬暖夏凉，同时具备较强的抗震能力，千百年来成为这些地区居民的家。这种房屋的建筑方式亲近自然，体现了人与森林共生的文化特性。

云南省寻甸回族彝族自治县的木楞房是彝族传统民居的一种形式，结构简单，使用圆木搭建，圆木两端都通过榫卯结构与上层和下层的圆木卡紧固定在一起，甚至不需要使用钉子。屋顶也用木板铺盖，并压以石块，不需要砖瓦，同样可以达到防风吹雨淋的作用。建好的木楞房，可以在各根木材上都写上编号，如果有需要，可以拆除后易地重新快速地拼接复原。

讲究一些的木楞房院落，通常采用四合院形式或三合院形式的布局，由多座木刻楞房子围合形成独立院落，通常搭配有柴房和围墙。屋顶为悬山式，屋脊的山墙顶端带有悬鱼，常有象征民族特色的装饰。木刻楞房屋的建筑材料来自于山林，当地人在建房前要向山神和土地祭献，选择吉日砍伐木料。木刻楞房的建造过程快速，在全村人的支援下，可以在一天内建成。新房建成后会举行祈祷和庆祝活动，

以感谢自然之神的馈赠和村民的帮助,同时祈祷居住的安康。

　　这里的木楞房墙面,以及墙面与屋顶之间都有缝隙,墙面的缝隙是因木材叠加在一起时,大多只对两端进行卡口修整,而木材主体不会做过多的修整,因此不能完全贴合而形成;墙与屋顶的缝隙则是有意设置的。之所以这样做,是因为彝族人家的日常生活是以房屋中的火塘为中心,这些留存的缝隙,既有利于日常排烟通风,又可以让自然光照射进屋内增加采光。

　　木楞房不仅在建筑技术上展现了彝族人的智慧,而且在文化上承载了彝族的宗教信仰、家庭组织和生活习俗。木楞房的建造和使用还体现了彝族对自然环境的尊

四川凉山彝族井干式民居

重和保护。在彝族村寨的附近，通常会有一片被称为密枝林的古树林，被当地彝族人视为圣洁之地，这处山林不允许放牧，更不允许砍伐。每年的特定时间，人们还会来到密枝林进行各种祭祀活动，密枝林与彝族存在的共生关系，也体现了人与自然和谐共生的生态伦理观念。

同样生活在云南的傈僳族和纳西族也居住在木楞房的村寨里。

傈僳族的木楞房村寨主要分布在滇西北山区，以维西傈僳族自治县的同乐村寨为代表。这里的木楞房也使用圆木或方木搭建，形成"井"字形结构，屋顶多用木板或石板覆盖，具有冬暖夏凉的特性。木楞房适应山区气候变化，抗震能力强，可在山坡上随形就势建造。村寨里的木楞房屋连成一片，空间布局和谐，形成了独特的社区生活聚落。木楞房的建造过程和居住习俗都具有强烈的文化特征，当地民歌《盖房调》中描述的盖房场景是歌舞相庆的场景，体现了傈僳族的传统文化。

有些地区的纳西族民众，也是用井干式民居。他们把木楞房又称为"木罗房"，多以聚集居住性质的村寨出现。有些地区的木楞房子底部墙体用石头、土坯或砖头砌筑，上段使用木板，屋顶有铺木板、铺瓦或铺石板等多种形式。纳西族村寨的木楞房有单层和双层两种形式，在双层的木楞房中，底部立面会向内收进，形

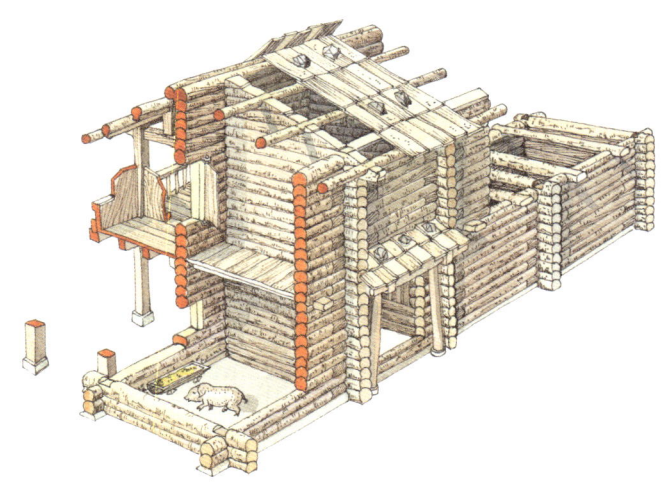

云南永宁纳西族井干式民居木构剖视图

成敞廊，作为人们日常活动的空间。这也是纳西族民居的一个共同的特色，因为气候多雨且日照强烈，因此敞廊是建筑中必备且常用的空间之一。位于院落北部的房子称为母房，也是整个民居院落的中心，母房的门楣通常都被设置较低的高度，以使人们形成"见木低头"的习惯。这些具有古老传承的村落，保持着纳西族的传统祭祀仪式和风俗，如三朵节、火把节等。丰富的民间歌曲和舞蹈，也往往充满向自然致敬和希望与自然和平共存的诚意。北方的木楞房也多集中在森林资源丰富的地区，与南方地区不同的是，由于严寒的气候，北方木楞房追求极致的封闭性与保暖性。每一座木楞房都犹如一座小小的堡垒，将漫天大雪和凛冽的寒风隔挡在外，护卫着居住其中的人们。

位于内蒙古自治区呼伦贝尔的奇乾村，是一个地

处大兴安岭深处、额尔古纳河畔的边境村庄。这个村庄三面环山，一面临水，与俄罗斯仅一河之隔，具有得天独厚的自然风光和独特的地理位置。奇乾村的历史可以追溯到清代末期至民国初期，曾经因淘金业而繁盛一时。村庄的建筑以俄罗斯风格的"木刻楞"传统民居为特色，大部分保存完好，展现出古朴、庄重的风貌。这些木刻楞房屋由原木搭建，具有冬暖夏凉的特点。奇乾村周围的原始森林是大兴安岭原始森林的一部分，拥有丰富的野生浆果和珍贵野生动物。然而，随着时间的流逝，村庄的居民逐渐减少，只剩下少数几户人家和守护国土的边防官兵。尽管如此，奇乾村依然保持着它的纯

云南迪庆州维西县叶枝镇同乐村傈僳族木刻楞房 ▼

奇乾村木刻楞房

美与宁静,成为一处几乎被人们遗忘的世外桃源。对于喜欢自然和寻求宁静的旅行者来说,这里是一个理想的目的地。奇乾村不仅是自然美景的宝库,也是历史的见证者,作为曾经的淘金重镇,见证了不同时期的历史变迁。如今,尽管人迹罕至,但它依然是那些愿意探索中国自然与文化之美的旅行者的秘境。

彩云之南的似曾相识

诺邓村,位于云南省大理白族自治州云龙县,是一个拥有两千多年历史的白族古村落。诺邓村的名称出现在云南省最早

的史籍《蛮书》的记载中，也是本书记载中至今唯一存在的名称未变的村邑，因其深厚的历史文化底蕴和独特的地理位置，被誉为"千年白族村"。诺邓村的历史可追溯至公元前109年，汉武帝征服云南后设立的益州郡时期。村名"诺邓"在白族语中是"有老虎的山坡"之意。历史上，诺邓村以盐业经济著称，是古代重要的盐业中心，其盐井自汉朝开采，已有两千余年的历史。

诺邓村处于低洼地带的盐井是日常生产生活的中心，但不利于居住，因此诺邓村整体布局以地势较低的盐井为中心，民居建筑向外部扩展，建在地势较高的坡地上。村中不仅保留有大量明清时期的建筑，如玉皇阁、文庙、武庙等，还有盐井、盐局、盐课提举司衙门等旧址。历史上，诺邓村因盐业而繁荣，盐商的足迹遍布大江南北，处于"盐马古道"上，诺邓促进了滇西与云南其他地区乃至中国其他地区物资、信息和文化上的交流。随着时间的推移，盐业经济逐渐衰退，但诺邓村依然

云南省大理白族自治州云龙县诺邓村

保留着丰富的历史文化和传统工艺。

白族古村落的民居以其独特的建筑风格和深厚的文化底蕴著称。白族村落大都背靠苍山，南朝洱海，建筑坐西朝东，遵循着"依山就势，面水而居"的原则，有效避免西面风力的影响。在喜州等地，因地势平坦，这里的白族民居通常采用"三坊一照壁"和"四合五天井"的建筑布局。院落布局方正，街巷通常以村落中心的四方街为中心向外规则设置，形成棋盘式的规整村落格局，体现了人与自然和谐共生的理念。白族民居的门窗、梁柱上常有精美的木雕或石雕，这些雕刻图案工艺精细，展示了白族人民的艺术才华和审美情趣。在建筑的外墙、屋檐、门窗等部位，常有彩绘装饰，色彩丰富，图案多样，增加了建筑的美观性。

大理地区自西汉时期设县，唐代时建立南诏国，此后历经明清，都与中原地区保持着密切的联系，如白族民居同中原民居一样，在正房中堂设置供奉祖先或神灵的神龛，房间设置以左为尊，体现了白族人民的宗教信仰和该地区与中原传统的联系。

身处云南大理白族的村落中，一定是惬意又熟悉的吧。当苍山的风在街巷向我们迎面扑来，脚下的石材铺地延伸到街巷各处，两侧建筑上似隐似现的淡墨装饰，吸引人们进入其中一探究竟。远在他乡的人啊，每每在心头泛起乡愁涟漪，一定会抬起头，那个苍山下、洱海旁的家，坐在敞廊下的阿妈肯定拜托了下关的风，将故乡的圆月也吹到了游子的窗下。

高墙戒备下那个精致又放松的家

大院民居是北方具有特点的传统民居形式之一，以其独特的建筑风格和深厚的文化底蕴著称。大型的院落民居尤其在山西有很多，这与晋商文化的影响息息相关，可以说是晋商文化最重要的产物之一。晋商是对山西商人的统称。由于山西大部地区是黄土高原地貌，不利耕作，但其处于中原地区，是中国南方和北方地区、东部和西部地区的中间地带，具有天然的地理位置优势。早在先秦时期晋南地区就开始了商业交易活动,秦汉至唐代时,太原作为沟通南北和东西各地区重要的中转中心,更是在平陆、平遥、汾阳等地都形成了重要的商业集散中心。到明清时期,山西商人在边贸、茶、盐、矿业、票号等行业的经营达到顶峰,在明清长达500年的发展期间形成了独特的晋商文化和富足的生活,更是在华夏大地上留存了丰富的大型院落民居形式。

受晋商传统的影响,这一地区的大院外部通常由高墙围护,设置垛口用来进行攻击和瞭望,呈现出很强的封闭性和高度的戒备性。而在大院内部,通常居住着整个家族及其家仆,因此,大院民居的内部不仅要为所有人提供日常生活、居住的空间,还要具备对外交往、教育、休闲放松和不同工种日常劳作的各功能空间。所以,大院建筑规模普遍都很庞大,功能空间众多,不仅体现出严谨的等级分别,而且功能分区明确,且内部道路交通系统复杂而有序。最重要的是,在

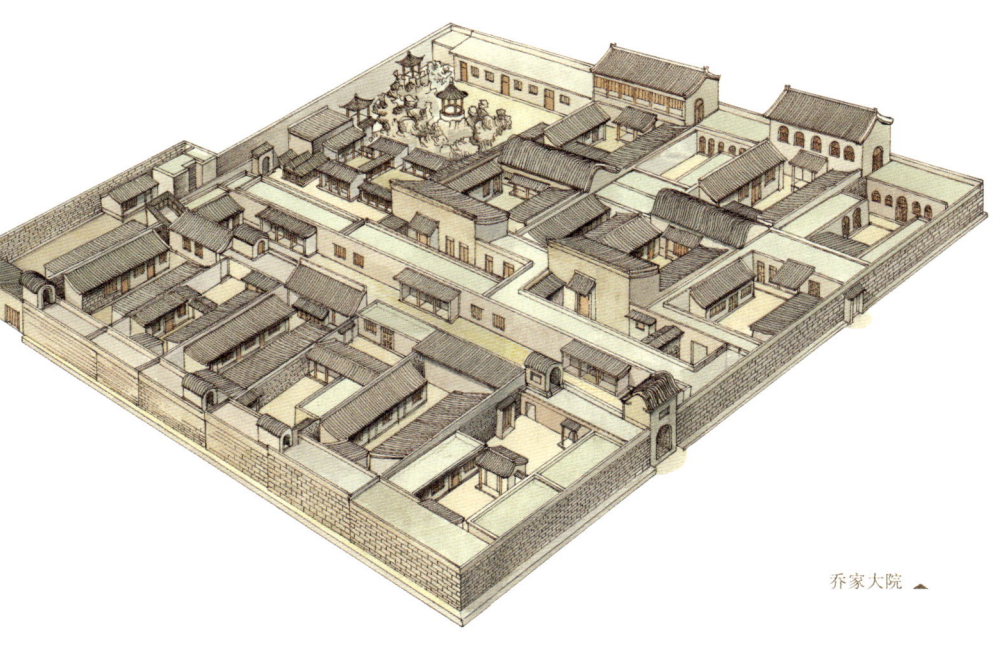

乔家大院

雄厚的资金支持和中国传统文化的思想观念下修造的大院，尽管规模、布局各不相同，但都有着共同的建筑特征，即内部装饰丰富且华美，三雕艺术（木雕、砖雕、石雕）尤其突出，以中国文化的审美为原则，追求"士大夫"式的丰富文化内涵，突出对吉祥、美好生活的向往，既追求官宦门第的威严，又突显豪门巨贾的奢华与张扬。

乔家大院是山西省晋中市祁县的一处古建筑群，是清代商业金融资本家乔致庸在原乔家老宅的基础上修建的宅第。其始建于1756年，在乔致庸之后，历代乔氏家族后人又不断改建和扩建，至民国时期基本形成目前的规模。大院的布局以一条长八十米的石铺甬道为中轴线，分为南北两排各三座大院，每个大院的大门都面向甬道，但门与门不相对。乔家大院内的六个独立的大院，又内套二十个小院，共有三百一十三间房屋。整个大院四周由封闭式的高墙围合，这些墙体高度超过十米，顶部女儿墙上设瞭望垛口，还有眺阁和更楼。正门底部有城门洞式的门道，上部设独立的顶楼，形如城堡，与中轴线甬道另一端的乔家祠堂遥遥相望。民国时期，乔家大院进行了部分扩建，建筑格局仍遵循先前的院落与建筑形式，但在新的建筑中加入了西式的大格玻璃窗并兴建了西式的浴室和厕所。

乔家大院的建筑结构体现了清代民居建筑的独特风格，具有很高的民居研究价值。大院内遍布各处的砖雕、木雕和彩绘等装饰非常精细，题材广泛，包括人物、动物、花卉等，富有民俗寓意。大院内的彩绘以人物故事为主，采用真金彩绘和立粉工艺，色泽鲜艳且经久不褪。大院中有多处照壁，上面刻有各种吉祥图案和文字，具有很高的艺术价值。乔家大院的门庭上悬挂着多块具有文物价值和意义的牌匾，既有清代著名学者的书写，也有著名的高官如左宗棠、李鸿章的题赠，反映了乔家昔日的荣耀，以及整个家族历代传承的文化品位和治家理念，是研究清代社会、经济、文化和民俗的重要实物资料。

王家大院位于山西省晋中市灵石县静升镇，也是一处极具传统文化特色的建筑。大院由王氏家族历代不断改扩建和维护三百余年修建而成，经明清两朝，是整个王氏宗族多个建筑群所组成的庞大建筑聚落。由"五巷""五堡""五祠堂"组成,主要分为东大院(高家崖)、西大院(红门堡)和孝义祠,总面积达25万平方米,包含院落千座。

王氏族人在明清两代不仅经商和务农,在仕途的发展也相当顺利,因此在一些建筑中得以使用等级较高的形制,并呈现出官商结合的建筑特征。整体布局严谨,结构分明,各院落布局突出上下有别、内外有别、尊卑分明的特征,体现了封建等级制度和宗法礼制对建筑的影响。建筑群依山而建,层楼叠院,错落有致,气势宏伟,功能齐备。

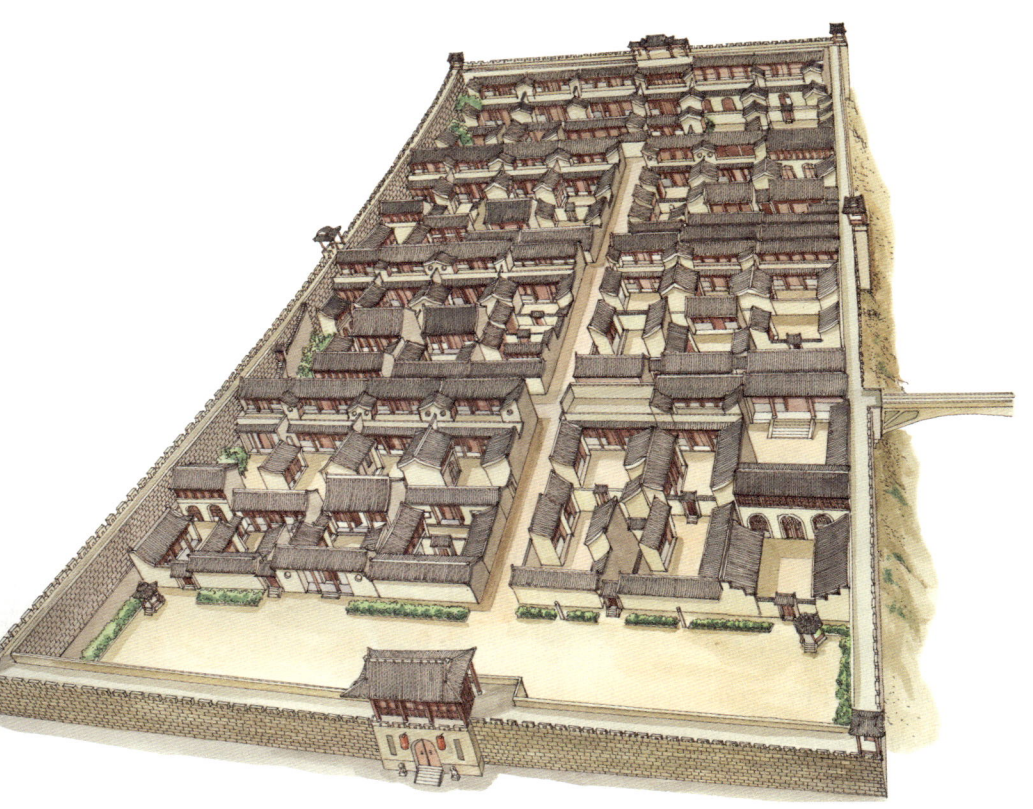

王家大院红门堡

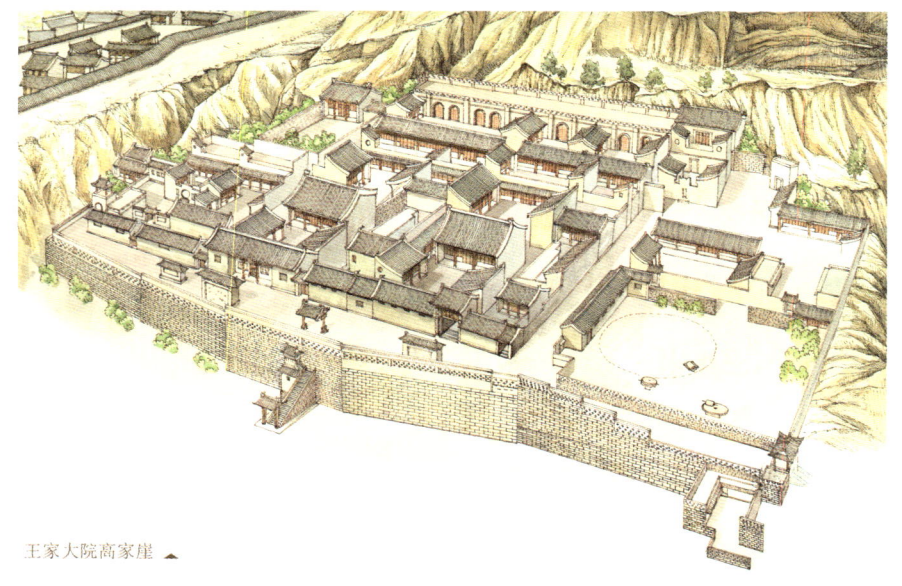

王家大院高家崖

　　王家大院建筑组群既有各分支家庭、家族独立的祠堂、对外接待区、家塾区与内部生活区，也有整个大家族共用的书院、花院、长工院等建筑。各院落内部集木雕、砖雕、石雕于一体，既有文风品位的绘画、书法、诗文，也有中国传统的神话故事场景、吉祥纹饰，装饰风格南北方兼容并蓄，装饰风格有绚丽精致、雍容典雅，也有清丽文雅、古朴内敛。作为山西最大的一座保存完好的建筑群，王家大院展示了晋商的思想观念、文化修养、艺术品位、处世之道及家风家训。

　　常家大院，亦称常家庄园，是清代著名晋商常氏家族的聚居地，位于山西省晋中市榆次区东阳镇车辋村。常家大院经过二百余年的修建，形成了南北、东西两条大街，占地百余亩，楼房40余幢，房屋1500余间。大院的主体建筑以北方风格的庭院和建筑为主体，每个正院分内外两进，外院南房临街，东侧设门楼，里院宽敞，上房与南房相对称，东西各有厢房。大院内分布有七处园林，名花古木、亭台楼

阁、水溪池潭等,为南方园林风格,追求雅致、灵秀,形成规模庞大的江南私家园林氛围。常家大院的砖雕、木雕、石雕艺术精湛,图案千变万化,造型手法各异,体现了工匠的高度智慧和艺术技巧。大院内将北方院落严谨的秩序性与南方园林的文人风相组合,反映了常氏家族深厚的文化修养和儒商特色。

曹家大院位于山西省晋中市太谷区城西南,距乔家大院约14里。大院是明清时期晋商曹氏家族的宅院,拥有277间房屋,距今已有400多年的历史。曹家大院原本也是四座分别以"福禄寿喜"字形、具有吉祥寓意的大院所组成的庞大建筑组群,但目前仅留存平面为"寿"字形平面的建筑群,又称三多堂,即多福、多子、多寿。三多堂分为南北两部分,东西并排三个穿堂大院,上面连接着三座三层高楼,楼顶分别建有以猪、牛、羊三牲为造型的榭亭,既是夜间巡视的更楼,更是登高远眺的景亭。大院内的梁柱、门窗、墙壁等部位装饰有精美的木雕、砖雕、石雕和彩绘,展示了工匠的高超技艺。曹家最兴盛时广修宅院而且布局庞大,现留存下来的三多堂是庞大布局的一个组成部分,其占地面积就已超过一万平方米,可见当

常家庄园

曹家大院

时整个建筑群规模之大，而且各院落主体建筑高大，身处其中可以真正感受到高门大院的深邃与气派。相传，清末慈禧太后西行逃难，还是向曹家借款才得以返回北京的，因此曹家的厅堂才敢以五间九架的形制建造，这在当时是朝廷一品大员才能够采用的。

渠家大院位于山西省晋中市祁县，有"渠半城"之称，说明大院的规模和影响。渠家大院始建于清乾隆年间，距今已有近三百年的历史，当时建有四十个院落，目前留存的建筑多建于清同治、光绪年间，占地面积超5000平方米，由八个大院、十九个小院、二百四十余间房屋组成。大院整体布局呈"明"字形，分为东、西两个部分，内部结构错落有致。由于内部各院落之间设牌楼、过厅和屏门相隔，因此这些屏、楼、门相互连接起来，形成门连门且院院相连的奇特景观。大院的石雕栏杆院、五进式穿堂院、牌楼院、戏台院等，各院落内部装饰都各具特色，上部屋顶也有歇山、悬山、硬山和卷棚等多种形态，因此形成变化丰富的建筑组群特色，体现了渠家大院的精致与宏伟。

山西运城万荣县闫景村的李家大院，也称闫景李家大院，以南北兼顾、中西并包的独特建筑风格,成为山西大院中一座具有特别历史文化价值的古建筑群。李家大院始建于清道光年间(1821—1850年),由晋南首富李子用家族所建,原有二十组院落,现存十一组,其中包括功德堂、自明堂、百善影壁、同顺堂、同福堂、信溥堂、私塾院、放赈楼、同德堂及李氏宗祠等重要建筑。大院在布局上遵循传统,采用竖井式聚财型四合院形式;建筑上引入徽派建筑风格,呈现出南北建筑风格的融合风格。因李子用不仅留学英国,还娶了一名英国女子为妻,因此部分院落引入哥特式建筑风格。这种欧派建筑风格与中国传统建筑形式的组合,在民居建筑中是较为罕见的,故其以新奇的建筑风格和丰富的文化内涵在山西大院民居中独树一帜。

以经营盐、铁、丝绸为主业的晋南商人,较晋中地区先发展起来,是晋商的先驱,以今山西长治地区为代表,因长治古称潞州,因此潞商也早在明代时就已经十

渠家大院 ▶

分出名。申家大院是潞商文化的重要代表，也是山西晋东南地区大型院落民居的一个典型例子。申家大院始建于明代，至今已有数百年的历史，其建筑群以中村的申家二十四院为主体，这里又被称为"棋盘二十四院"，与晋中大院建筑由统一形制的单层或多层建筑组成的合院形式不同的是，棋盘二十四院中除了有多个四合院、三合院，还有窑洞式建筑。申氏家族在清嘉庆末年开始衰败，因此申家大院的建筑与装饰最大限度地保存了明代建筑与装饰的风格特征，雕刻精美、风格独特，具有浓郁的地域特色，反映了明清两代民居建筑风格的演变。申家大院的建筑群填补了潞商文化研究在实物方面的空白，是山西地区明代至清代早期富商宅院的代表。其既遵循传统，追求文化属性，又保持着窑洞等地区的建筑特征，成为研究潞商及山西晋东南地区民居的宝贵实物资料。

吕家大院是山西省大同市云州区落阵营村的一处古建筑群。这座大院始建于清光绪年间，吕氏虽以商业发家，并且历代经商，但在清代辈出高官，据说慈禧太后曾拨款资助吕家建造工程。它是晋北地区最大的一处古民居大院，体现了晋商家族建筑特色，耗时13年完成。大院共有院落9处，房屋150多间。整个建筑群采用了四合院的结构，主院落为三进三出式，前有门厅，中间有过道厅，后为正厅，结构严谨，布局大方。吕家大院的砖雕图案题材丰富、造型繁复，多以自然花卉和动物为主，同时借由人物表达带有特殊寓意的场景。

晋商大院不仅在建筑技术上展现了中国古代劳动人民的卓越才能，而且在装饰艺术、雕刻技巧等方面体现了丰富的文化内涵。晋商历史悠久，更是在明、清两代发展至顶峰，也因此出现了一批让人叹为观止的大院建筑。然而在这背后，却也是晋商远离家乡，奔波于大江南北的忙碌身影。山西大院民居那高高的围墙和垛口，将外界隔绝开来，在男主人出走远乡时围护着家庭的安全。在高墙之内，则是富足和舒适的内院，在这里有形制复杂的中厅、祠堂和主屋；有文气浓郁的学堂与书馆；有精致、纤巧的后宅，以及小桥流水似的庭园。山西的商人足迹遍布大江南北，他们便也将外面世界的精彩带回大院，大院里的建筑、园林和各种装饰，不仅是雄厚资本的产物，也是汇聚各地文化的展示窗口。

吕家大院

粉墙黛瓦的封闭院落

  古徽州-府六县，府治在歙县，是对安徽南部歙县、黟县、休宁县、祁门县、绩溪县、婺源县的统称。徽州境内享有"天下第一名山"之称的黄山、道教圣地齐云山，如两道天然屏障环拥而立，新安江、太平湖碧波细流萦绕其中，使其山水资源丰富。山水相依相映的自然风光孕育出了与秀美山水相得益彰的园林意境。

  徽商在明清时期极为繁荣，几与晋商齐名，其商业成功带来的财富使得徽州古村落得以建设和发展，留下了许多精美的民居和公共建筑。徽州地区人杰地灵，自古就涌现了许多杰出的文人，社会整体风气崇文，因此在民居建筑中也呈现浓厚的文化特色。徽州古村落在选址和布局上多考虑风水因素，追求与自然环境的紧密关系。村落常依山傍水而建，与周围的自然景观和谐共生，形成了水墨画般的美景。许多徽州古村落拥有完善的水系，如宏村的南湖和月沼，既具有实用功能，又增添了村落的景色。徽州地区宗族文化影响深远，村中多有宗祠、支祠和家祠，体现了宗族的凝聚力和对先祖的尊崇。徽州古村落的建筑以粉墙黛瓦、马头墙为标志，强调天人合一的设计理念。徽州古民居内部以精美的砖雕、木雕和石雕而闻名，这些雕刻艺术是徽州民居追求文化艺术和美好生活的重要组成部分。古村落中的生活方式和习俗，如徽州婚俗、节庆活动等，也是徽文化的重要组成部分。徽州古村落是中国传统建筑文化中的瑰宝，以其独特的地域特征和深厚的文化内涵著称。

婺源属于古徽州。江西省上饶市婺源县的篁岭村，建于明代中叶，有着500多年的历史。因地处山区，村庄平地少，形成了独特的农俗现象——"晒秋"，即利用房前屋后及自家窗台、屋顶晾晒农作物，成为一道亮丽的风景线，被誉为"最美中国符号"。

宏村是极具有代表性的古徽州村落，已有800多年的历史，地处黄山西南麓黟县桃花源盆地的北缘。这一地区三面环山，大大小小、形态各异的湖池散列其间。因地窄人多，因此建筑密集，古朴简约的民居建筑就形成了"面面相向，背背相承，巷道纵横，似连似续，似通却闭"的村落建筑特色。与密集的民居建筑不同的是，村落中的公共建筑，则往往疏朗和开阔。村落中的古楼、古桥、古亭等公共建筑以清古、悠远的建筑风格，营造出古色古香的村落氛围。

宏村又被称为"牛形村"，因为在青山绿水之间，农家生活离不开牛，只要有了牛，这里必然会稻谷满仓。于是，人们便把雷岗山视为牛头，村落规划为牛形，村落中早在明代就修建了遍布全村的水道为牛肠，清水长流，人们在这里浣衣洗涤。宏村的中间，有一个半月形的池塘，人称月沼，这是所谓的"牛小肚"。月沼的四周是一幢幢美丽的民居，水塘如镜，民居倒映水中，情趣盎然。这里设置了祠堂和园林，也是村中的一处公共性质的处所，同时在月沼周围设置发散式的道路通向各处。既然有"牛小肚"，那么牛的"大肚"又在哪里呢？原来，月沼通过村中的水道与宏村外面的南湖相通，湖面呈弓形，正像是一个牛胃。村外过去曾有四座桥梁，人们把它比喻成四条牛腿；村外的一条小河，像是一条赶牛鞭；村口的两棵

徽州古村落

南湖畔的宏村

古树,人们说是牛角,宏村真成了一头静卧在大自然中的牛。

宏村是人们生活的村落,又是人文建筑与自然景观组成的园林,村中共有八景:西溪雪霭、石濑夕阳、月沼风荷、雷岗秋月、南湖春晓、东山松涛、黄雉秋色、梓路钟声。借助天然的景观优势,将村落融入自然景观之中,构成了完整的景象,村即是景,景即是村,自然与人工在这里达到空前的和谐与统一。这就是中国文人所推崇的山水田园之地,穿行其间,犹如置身于一幅巨大的山水画中。那山水画徐徐展开,波光粼粼的湖面,犹如未干的墨迹一般,不知身处远乡的徽州人,梦中的山水家乡,是否也带着淡淡的墨香。

唐模村是位于安徽省黄山市徽州区的一个古老村落,以其独特的水口园林景观和徽派建筑风格而闻名。唐模村的水口园林是其最大的特色之一,是在村落中最重要的入水口处所建的园林,在符合风水学的基础上,结合了自然景观和人工建筑,形成了具有徽派特色的园林风格。

村中的檀干园是一座水口园林,由清初许氏家族的富商建造,仿杭州西湖的著名景观,园内也设有"三潭印月""湖心亭""白堤""玉带桥"等景点。唐模村内的主要街道称为水街,沿檀干溪而建。贯通整个村落的水街的两岸分布着各种类型的徽派民居建筑,还建有40余米长的避雨长廊,廊下临河设置美人靠,供人歇息之用。唐模村整个水口的建筑构思独特,包括古树小桥、亭阁牌坊,以及檀干溪上的十座石桥。

沙堤亭,也称水口亭,始建于明正德年间,清代康熙年间进行了重修。沙堤亭位于唐模村的东面进村路上，常是人们进入古村的第一印象。沙堤亭的造型独特，无论从哪个角度看都呈现出八个角，因此也被称为八角亭。亭子分为上下三层，中空，上层有回廊。亭子的飞檐上悬挂着铁马飞铃，风吹过时会发出悦耳的声音。沙堤亭是唐模村的水口标志，也是村中的风水建筑，体现了徽州地区深厚的文化底蕴和历史传统。高阳桥位于水街的入口，是古徽州地区仅存的几座廊桥之一，由唐模村许氏建于清朝雍正年间。村中有许多百年以上的古树，如槐荫树（香樟树），具有丰富的历史和文化价值。唐模村的公共园林不仅展示了徽派自然园林与人文建筑的精美，也反映了徽州人民对自然环境的尊重。漫步于这个由自然美景、亭、桥和建筑相互交织的水街中，感受着历史、人文与自然环境融于一体的丰富体验，不得不感叹地灵人杰。

徽州古村落中的亭、桥甚至是古树，往往有着悠久的历史，是古村文化、景观中不可或缺的组成部分。如绿绕亭，是位于黄山市徽州区西溪南村的一座古建筑。

唐模村沙堤亭 ▲

唐模村水街 ▲

西溪绿绕亭 ▲

棠樾村口七座牌坊形成绵延的入村道路 ▲

西溪南村是徽州区的一个千年古村落，绿绕亭是这个村子的标志性建筑之一，具有很高的历史、艺术和科学研究价值，还被原大复制放在南京的夫子庙商业区。绿绕亭始建于元天顺元年，由吴斯能、吴斯和堂兄弟两人建造；明景泰七年进行了重建；在清代，绿绕亭又经历了三次重修。绿绕亭平面近正方形，通面阔4米，进深4.36米，高5.9米。月梁上绘有包袱锦彩绘图案，典雅工丽，具有元代彩绘遗韵。绿绕亭不仅是一处古建筑，也是徽州地区文人墨客赞咏的地方。明代著名书画家祝枝山曾作《东畴绿绕》一诗赞咏绿绕亭。

棠樾村位于安徽省黄山市歙县，是一个以鲍姓为主的聚居古村落，以其独特的牌坊群闻名。历史上，棠樾村进行了大规模的水系改造，包括筑坝、引水入村等，形成了环绕村中的水系，既满足了灌溉需求，也美化了村落环境。棠樾村的入口处有著名的七座牌坊，均在明、清两代所建，是当时的皇帝嘉奖鲍氏家族人而颁赐兴建，被视为家族荣誉与地位的象征，体现了徽文化程朱理学"忠、孝、节、义"的伦理道德观念。牌坊群共有七座牌坊，其中明代三座，清代四座，均采用质地优良的"歙县青"石料建造。这些牌坊具有极高的艺术价值，每一座牌坊的背后都有一段故事，反映了当时社会的道德观念和宗法制度。

棠樾牌坊群不仅是徽州地区的重要地标，也是中国封建社会忠孝节义传统价值观的象征。除牌坊之外，棠樾村中还保存有大量明清时期的古民居，如获嘉庆皇帝赐"五世同堂"匾额的存爱堂，清代高官故宅欣所遇斋，以银杏木料造白果厅的保艾堂等，这些建筑不仅具有很高的历史价值，也是徽派建筑艺术的典范。棠樾村的村落结构严谨，街道、水系、建筑布局有序，反映了古代村落规划的合理性和前瞻性。棠樾村村民历代以经商为生，又出了多位身居高位的官员，族人在明清两代屡受朝廷嘉奖，徽商和文士之风并行，对村落的发展和建筑有着深远的影响。棠樾村周围的自然环境十分优美，村落与周围的田园风光和谐共生，体现了古人与自然和谐共处的理念，同时与其他乡里山居不同的是，也反映了中国古代伦理道德和宗法制度之风。

牌坊是一种荣誉感较强的纪念性建筑，多为表彰节孝和功名，在崇尚封建礼法

歙县尚宾坊

和文士之风的皖南有相当数量的建造。据史料记载，仅歙县历代建造的牌坊就超过了250座，留存下来的100多座牌坊中，石造牌坊形制较为完整。位于歙县城内的尚宾坊，建于明成化十二年（1476年），位于原县学宫大门右侧，是一座双柱单间三楼，花岗岩白麻石质牌坊。南面额枋上镌"京闱乡贡进士江衷之门"十字，是为纪念学堂所出的进士而建。这座牌坊的独特之处在于，上部转角处用斜拱和枫拱，为研究中国金元时木构建筑中的斜拱形制提供了珍贵的实物。

丽水相伴，顺势而居

浙江丽水古称处州，先秦时期隶属百越之地，自古就因优越的地理位置成为各个历史时期的重要辖区。境内地貌多样，既有高山、丘陵，也有河谷、盆地，悠久的历史与多变的地貌特征，也造就了这里丰富的古民居村落遗存。丽水地区四季降水充沛，作为闽江、瓯江等六大水系的发源地，这里的民居建筑也形成了择水而建的特征，大多数的村落都紧临溪流、江河建在半山腰上，顺着地势铺陈开来，形成村落建筑群。

杨家堂村位于浙江省丽水市松阳县三都乡，是一个具有350多年历史的古村落。村庄坐落在两翼山峦环抱的环形山凹中，顺应风水的布局特征明显。杨家堂村的建筑特色是典型的阶梯式，20多幢清代民居沿山坡一级级向上延伸，展现出错落且规模庞大的建筑立面，被誉为"金色布达拉宫"。

村落始建于清初，最早因村中有三棵交叉的樟树而叫樟交堂，后改为杨家堂。相传最初建村的宋氏祖先来自西安，是唐代名相宋璟的后裔。村落的古建筑保存完好，包括宋氏宗祠、迪德学堂等，墙体上书写着《朱子治家格言》等家训，反映出宋氏一族重视文化教育的家风传统。杨家堂村的古民居朴实无华，泥木结构，青瓦覆顶，对称的马头墙格外突出。

丽水市松阳县松庄村，也是一个具有500多年历史的传统村落。这个古村落被群山环绕，清澈的溪水穿村而过，展现出典型的江南水乡风光。松庄村由松庄、五

浙江省丽水市松阳县三都乡杨家堂村

尺坑、凉连三个自然村组成，村民以叶姓和宋姓为主。

村庄的建筑多以土砖砌筑，上覆青瓦。村庄内保留了众多的传统民居，以及石拱桥、老驿道、宗祠等古建筑。松庄村依山傍水，拥有5000亩的天然原始森林和竹林，为这里宁静的乡村生活提供了丰富的自然资源。

松庄村的溪水是自然风光的重要组成部分，为这个古老的村落增添了生机和活力。清澈的溪水呈"S"形穿村而过，与泥墙青瓦的民居、横跨溪流的小桥相映成趣，而背景则是高耸的群山和密林。松庄村的溪水源自雅溪，水质清澈，一座百年古桥横跨溪上，见证了村庄的历史沧桑。溪水不仅美化了村庄环境，也与村民的生活息息相关，是村民日常生活的重要水源。溪水两岸的村民们依然保留着传统的生活习惯，在溪边洗衣、洗菜，与溪水和谐共生。

松庄村的古树是其自然景观和生态环境的重要组成部分。古树的存在不仅为村庄增添了绿色，也为村民提供了一个宜人的环境。古树与古民居、石拱桥、宗祠等

上 | 浙江省丽水松庄村民居　　下 | 浙江省丽水松庄村

古建筑共同构成了一幅美丽的乡村画卷。这些古树见证了村庄的历史变迁，承载着村民们的记忆和情感，是村庄宝贵的自然和文化遗产。

远山、古桥、流水、古村，这些美的元素之间相互依存，构成了一种和谐的生态关系，体现了人与自然的和谐共生，并传达出一种远离尘嚣、宁静致远的生活状态，让人感受到内心的平静与安宁。如诗如画的景象，伴随着村民的日常生活，人们洗衣、洗菜、孩童戏水的场景也如同这诗、这画的一部分。在中国传统文化中，这种远山、流水、古桥和古村落的场景，常被用来表达对理想的文人生活的向往，以及对自然和生活的赞美。

隐世石头村

石头作为一种存在于自然界的建筑材料而被人们所广泛应用，从石头的形制上看主要有石块和石板两种。规则的石块多用来砌筑墙体，也更多地被用来建造城墙等大型建筑，但因其开采、运输和建造技术等方面的特征，人工成本很高，因此在民居中的应用受到了限制。不规则的石块以鹅卵石为代表，还有其他一些从自然界直接可取的石材，是乡土村落建筑中应用较多的一种建筑材料，既可以砌筑墙体，又可以铺设路面。

石板房是一种具有悠久历史和独特建筑特色的房屋形式，尤其在某些地区，如土家族、布依族等少数民族聚居地，石板房不仅是传统的居住形式，也体现了当地的文化和生态智慧。

石板房的主要建筑材料是石板，这些石板通常就地取材，具有很好的耐久性和适应性，且具有良好的保温性能，适应山区多变的气候条件。石板房的建筑材料环保，易于获取和再利用，符合可持续发展的理念。石板房体现了当地民族的建筑技艺和生活习惯，具有重要的文化和历史价值。

土家族石板房是土家族传统建筑形式，主要分布在重庆市的巫山县的土家族乡。土家族石板房的前身可能是吊脚茅草房，随着时间的推移，逐渐发展为使用石

贵州石板房起居示意图

板作为屋顶材料的石板房。石板房的主要建筑材料是当地石材,这些石材经过加工成为均匀的薄片,具有良好的韧性和耐久性。石板房通常采用木结构作为骨架,外墙和屋顶使用石板覆盖,形成了"内木外石"的结构特点。石板房具有冬暖夏凉的特性,能够抵御恶劣天气,如大风、大雨和冰雹,且维护成本较低。

贵州省布依族石板房的村落以其独特的建筑风格和丰富的民族文化而闻名。高荡村位于贵州省安顺市镇宁布依族苗族自治县,现存古建筑最长拥有600多年的历史。这个村寨以其石木结构的干栏式石板房而著称,房屋和寨门保存相对完好。阿歪寨村位于安顺幺铺镇,也有着600多年的历史,是中国唯一的藤甲文化传承村落。村内传统建筑群、古营盘遗址保存较为完整。这些建筑多建于明、清时期,是贵州省内保存最好的布依族村寨之一。布依族的石板房以当地所产页岩石板为主要材料,具有依山傍水的布局特点。建筑多为两层,下层用于饲养牲畜,上层用于居住。

浙江宁波许家山石头村里面的住宅大多采用当地特有的青铜色"铜板石"建造,这种石材质地坚硬,是上好的建筑材料。村民住宅也普遍采用石木结构,保持了较为原始的建筑风格。许家山村的石头住宅大多是三合院和四合院组成的建筑院落格局。村内除了石屋,还利用这种石材建造了石巷、石院、石墙、石板桥、石路、石凳等。因此,整个村庄目之所及大都用石材建造,形成石头的世界,特色鲜明。

浙江温州市南浦溪镇的库村,是一座具有唐代遗风的古村落,在村前有新浦溪萦绕而过,村后倚靠白云山,左右群山环抱。这里也是一座石头村落,但使用的石材不同别处的石板或石块,而是使用当地产量丰富的鹅卵石。鹅卵石大小不一,形状也不规则,不能单独使用,但可以用来砌墙和铺地。村里用当地所产的鹅卵石砌筑山墙和院落围墙,铺就街面道路,让整个村落有一种牢不可破的稳固感,被称为"隐世石头村"。

已有他乡为故乡,心中仍念吾客家

客家传统村落是客家人历史和文化的重要载体,以其独特的建筑风格和丰富的文化传统而闻名。客家传统村落的建筑以围拢屋和土楼最为典型,这些建筑具有坚固的防御功能,反映了客家人传统文化中的宗族共同体聚居和防御需求特征。

围拢屋是客家传统村落中的一种特色建筑,通常由一个中心的堂屋和周围的横屋组成,形成围合的布局,平面如马蹄形,具有很强的宗族凝聚力。客家围拢屋是客家人的传统民居,以其独特的建筑风格和文化价值而闻名。

围拢屋的建筑布局外形呈半圆形,地势前低后高,主体建筑之前地势最低处是半圆形的水池;围拢屋建筑中心是堂屋;最后面地势高处建筑半月形的围屋,与两边横屋的顶端相接。围拢屋的设计体现了中国古代"天圆地方"的哲学思想,其中半月形的池塘和半月形的围屋相合为一个完整的圆,象征着"天圆",中间的方形堂屋代表"地方"。围拢屋内部中轴对称的布局设置建筑,中轴线上有上、中、下三堂,上堂主要为祭祀场所,中堂为议事、宴会场所,下堂为婚丧礼仪时的乐坛和轿夫席位。最后排弧形平面围屋与正堂之间的半月形空地,称为"花头"或"化胎",是全屋的风水宝地。

围拢屋主要采用土木结构,墙体以泥土夯筑,掺杂灰、沙、碎石等材料,上盖

江西省安远县镇岗乡东生围

则使用原木为梁，木片为桷，建成两面倾斜的屋顶。围屋的外墙厚实，窗户不大，可用作瞭望孔和射击孔，设有门楼，易于封闭，具有防御性，以抵御外来侵扰。围拢屋通常由一个姓氏的宗族聚居，内部有众多房间和厅堂，能够容纳上百户人家，体现了客家人团结互助、尊老爱幼的传统美德。客家围拢屋以中轴对称，以中间堂屋为尊，主次有序，层层院落组成的建筑布局，以及内部的建造技艺和风格，都与中原大院民居相似，这与客家先民从中原南迁而来的历史有关。围拢屋对天然地形的协调统一，体现了"天人合一"的哲学思想。

围拢屋主要分布在广东梅州、河源、惠州及福建龙岩等地，其中以梅州市的兴宁市最为集中。客家土楼是客家人智慧的结晶，承载着丰富的历史文化信息，是中国传统建筑文化的重要组成部分。中国的福建土楼，可以分为客家土楼和闽南土楼两大类。客家土楼是客家人特有的传统民居形式，主要分布在福建省西南部的永定和南靖。客家土楼的建造历史可以追溯到唐宋时期，明清时期达到鼎盛，是客家人

广东省梅县梅西镇丰田村式好庐

南迁后结合当地气候和防御需求创造出来的建筑形式。客家土楼以圆楼、方楼和五凤楼最为典型，具有坚固的土墙、厚实的大门、窄小的窗户等防御性特征。土楼内部通常有多层，底层为厨房和餐室，上层为仓库和卧室。土楼内水井、粮仓、畜圈等设施一应俱全，具有自给自足的能力。客家土楼的建造技艺精湛，采用夯土、木结构和瓦屋顶等传统建筑技术和材料，具有很高的建筑艺术价值。

客家传统村落中的宗族文化非常显著，宗祠在村落中占据重要地位，是族人祭祀祖先和举行重要活动的地方。客家人在村落选址和建筑布局上非常注重风水，力求与自然环境和谐共生。客家传统村落通常依山傍水而建，村落内部街道和房屋布局有序，反映出客家人的生活习惯和审美观念。客家传统村落中保留着丰富的民俗文化，这些民俗活动体现了客家人的精神风貌。

客家围屋是江西省赣南地区客家人的传统聚居地，具有独特的建筑特色和文化价值。赣南客家围屋平面通常为方形或圆形，外墙厚实，高度可达数层，四角设有炮楼，具有极强的防御功能。围屋的大门坚固，有多重门闩和防火攻设施。围屋的建筑材料多样，包括生土、三合土、鹅卵石、块石、条石、青砖等，采用"金包银"的砌筑方式，即内墙用土砖，外墙用青砖包裹。围屋不仅是居住的场所，也是客家文化的重要载体。赣南客家围屋主要分布在龙南、定南、全南、安远、寻乌、信丰等县市，龙南的关西新围、燕翼围、乌石围，安远的东生围，全南的雅溪围屋群等，都是赣南客家围屋的代表。

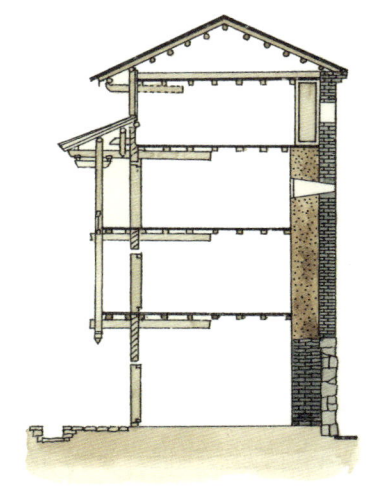

赣南围屋外墙剖面图

江西省龙南市杨村镇燕翼围

金戈铁马的回忆

蔚县位于河北省张家口市,是古代中原农耕文明与草原游牧文明交汇的前沿,宋辽时期争夺的北方燕云十六州中的蔚州,就是现在的蔚县,因此,具有独特的地理位置和悠久的历史。蔚县古堡的建筑群主要建于元、明、清时期,由于这一地区的特殊性,历代都是政府屯兵的重地,因此发展出防御性很强的居住形态。本地建筑最具特色之处是"有村就有堡、有堡必有庙",体现了古堡在民间生活中的重要地位。蔚县古堡的种类繁多,有军堡、官堡、民堡,并自成体系,其功能包括防兵、防匪、防盗,以及防水、防风、防兽。

上苏庄堡位于蔚县宋家庄镇的南山脚下,始建于明嘉靖二十二年(1543年),至今有400多年的历史。上苏庄堡的堡墙、堡门和堡内建筑大部分保存完好,其形状从高处俯瞰像古代的一种打击乐器镛锣(木框架内按棋盘格分为若干方格,各方格内挂小铜锣),因此上苏庄堡也被称作"镛锣堡"。堡内有许多明清时期的四合院,各具特色,有的是连环院,有的是里外院,有的设有过厅,有的建有前廊。堡门处左右有用石头和黄土垒砌的像毛笔笔头和砚台模样的建筑物,体现了人们期望堡内能多出文人的美好愿望。堡内整体地形东高西低,而且有较大落差,内部街道采用山石铺地,因此雨天很容易将积水排出,显示出当时在古堡设计时已对气候条件进行了考量。

北方城村位于蔚县涌泉庄乡,是一座典型的北方四合院式传统古村落。它始建于明万历四年,至今有400多年的历史,目前遗存建筑自明清至民国时期都有,不仅数量众多,种类较多,而且从民居建筑到庙宇、戏楼,再到堡门,各种建筑保存都相对完好,具有很高的研究价值。北方城村的古堡城墙由黄土夯筑而成,围成一个边长约200米的正方形,因此也被称为"方城"。城墙上薄下厚,厚度从上部的约 1.5 米到下部可达 4 米,高度在 4 至 6 米之间。内部总体布局呈"丰"字形,以中轴线为界,东西两侧的民居多为一进或两进院,形成了典型的北方四合院式建筑群。堡内现存 33 处历史民居院落遗存,建筑装饰丰富,包括砖雕、木雕、石雕和匾额等,其中不乏狮子滚绣球、福字等传统图案。此外,古堡的烟囱也采用砖雕工艺,呈现出阁楼状的精致外观。

在遍布蔚县的古堡中,各个古堡内有着各式各样的道观、庙宇建筑,种类繁多,这里供奉着道教神谱中的各方神仙,如北方真武大帝、龙王、财神等,也供奉着佛祖和观音菩萨,同时也有纪念民间忠义英雄的关帝庙、三义庙。一座城堡,呈

蔚县古堡全景图

蔚县内部街道：街道两侧高墙夹持，以利防守和安全，街道地面顺应地势呈斜坡状，有利于排出积水

现儒、释、道三教合一的多神崇拜景象，可以想象作为守边居民历代对和平与幸福生活的向往，以及对忠义美德的推崇。

  高大的城墙围合之下的古堡，错落地分布在北方天高云淡的辽阔大地上，人们已经很难想象当地的屯兵和居民与北方游牧民族，在漫长历史岁月中那如轮回般交战的场景。城外是金戈铁马，城内则是烟火气十足的生活，通过守卫森严的街道，寻找信仰的神拜拜，抬头看看自家烟囱上的雕花是否已经完成，应该会胜过邻家吧？这是一种多么奇妙的生活状态。

风雨桥上话风雨

  侗族主要分布在贵州、湖南及广西的交界处，这些地区山林密集，雨量充沛，江河纵横。侗族传统村寨多位于半山地区，临水而居，温润的气候使农业和林业发达,山高林深的地理条件也使之形成了其独特的建筑风格。侗族村寨的建筑以鼓楼、风雨桥和寨门最为著名,被称为侗族建筑的"三宝"。

　　侗族所在地区山林密布,出产高大的杉树和松树,因此这里的建筑以木楼形式为主,在山坡和临水处也搭建吊脚楼。侗族多聚族而居,鼓楼是村寨的中心和精神象征,也是侗族文化的重要象征,因为这里是侗族村寨的社交和文化中心,用于集会议事、迎宾送客、节日聚会等,日常也是传递信息和召集村民的重要场所。侗族鼓楼也是木结构建筑,不用一钉一铆,全由木质榫卯结构建成。鼓楼的设计灵感来源于杉树,其结构通常为塔状,有多层楼檐,顶层设有火塘。侗族鼓楼历史悠久,可加强了族群的凝聚力,并作为族群的标识。贵州黎

侗族村寨选址示意图 ▶

平县述洞下寨的独柱鼓楼，相传始建于明崇祯年间，现在的鼓楼建于20世纪初，如山林中的树木一样，除第一层向外伸展的部分另外设置支撑柱，12米高的鼓楼由下至上由一根直径约50厘米的中柱支撑，各层设置穿枋横向穿套支撑楼层，楼层从底部向上逐渐收缩，如一棵巨大的杉树，历经新旧交替，但始终耸立于村寨中，见证了侗族文化的持久生命力。侗族鼓楼展现了侗族人民高超的建筑技术，其楼层多为单数，外观设计独特，具有极高的艺术价值。鼓楼分为阁式和塔式两种，塔式鼓楼是侗族鼓楼的主要形式，形似古塔，最高的塔式鼓楼层数多达21层。侗族鼓楼遍布侗族聚居地，如湖南通道侗族自治县拥有鼓楼267座，是鼓楼集中分布最多的地区之一。随着社会的发展，一些新的鼓楼被建立，例如贵州榕江县都柳江畔的鼓楼，高55.8米，共27层，成为最高的侗族鼓楼。

　　侗族村寨的美丽和独特性，不仅体现在其建筑艺术

侗族村寨中的鼓楼

侗族吊脚楼建筑示意图

上，更蕴含在侗族人民的生活方式和文化传承中。肇兴侗寨是贵州黎平县的一个古老侗族村寨，这个村寨不仅是侗族的民俗文化中心，还因其独特的鼓楼群而闻名，这些鼓楼在中国侗寨中是独一无二的。肇兴侗寨的鼓楼群由五座鼓楼组成，分别代表寨内的仁、义、礼、智、信五大房族，显示出其受中原文化的深刻影响。这些鼓楼不仅是侗族村寨的标志，也是侗族族姓的标志，同时还承载着休闲、社交、接待、集会、传递信息、报警和祭祀等多重功能。

侗族人民有着丰富的文化生活，侗族大歌和侗戏是其重要的文化表现形式。侗族没有自己的文字，因此歌舞成为其传承历史和文化的重要方式。侗族大歌是肇兴侗寨的另一大特色，它是中国唯一的无伴奏无指挥复调音乐形式，2009年被联合国教科文组织列入人类非物质文化遗产代表作名录。侗族大歌以其婉转悠扬的旋律和多声部混声合唱而闻名，是侗族文化的重要组成部分。肇兴侗寨四面环山，两条小溪汇成一条小河穿寨而过，与周围的梯田和山景构成了一幅美丽的画卷，这里的建筑风格独特，以干栏式吊脚楼为主，全部用杉木建造，硬山顶覆盖小青瓦，展现了侗族建筑的古朴和实用。

侗族戏台是侗族村寨文化生活中不可或缺的组成部分。侗族戏台建筑风格独特，通常采用木质结构，具有重檐翘角等典型侗族建筑特征，与鼓楼、风雨桥等其他侗族建筑相呼应。戏台在侗族社会中具有多重功能，除了表演侗戏，还是村寨集会、节日庆典等社交活动的场所，因戏台所在广场面积大且开敞，四周无遮挡，因此日常村民晾晒谷物也多在此鼓楼广场进行。

侗族社会以家庭、房族、村寨，以及特有的民间自治、自卫组织小款和大款为基本结构，具有层级分明、职责明确的社会组织形态。寨老会是村寨中的决策机构，由德高望重的老者和族长组成。侗族人民崇拜自然和祖先，是多神信仰。侗族有许多独特的传统习俗，如新木楼的竖柱、上梁、开楼门等都要举办庆典仪式，风雨桥竣工后还会举行踩桥庆典。

风雨桥是侗族地区特有的桥梁建筑，因侗族村寨多临江而建，风雨桥就成为其通向外界的必要设施，它不仅具有实用功能，还承载着丰富的文化意义。风雨桥遍布侗族地区，特别是在广西三江、龙胜，湖南通道，贵州从江、黎平等地数量众多。风雨桥通常由桥墩、桥面和桥面廊亭三部分组成。桥墩多用青石砌筑，桥面采用木质结构，桥面上的廊亭采用榫卯结合的梁柱结构，并与桥面连成整体。带有廊亭的风雨桥除了作为交通通道外，还能挡风避雨，供人们日常休息和迎宾接客，也是村寨的代表形象之一。位于广西三江侗族自治县的程阳风雨桥，是侗族风雨桥的代表作。三江风雨桥位于广西三江县的浔江河上，是目前最长的风雨桥，桥长368米，宽16米。

寨门是侗族村寨的门户和重要标志，具有深厚的文化意义和实用功能。侗族寨门不仅是侗寨的入口，也是村寨的"脸面"，象征着村寨的形象和尊严，因此是被

广西三江侗族自治县马安寨程阳风雨桥

重点建设的部分。寨门通常为木结构,设计多样,有亭阁式,也有堡垒式,多飞檐翘角,并搭配雕龙画凤的装饰,显得华丽而张扬,对外彰显着村寨的实力与活力。古时候的寨门具有防御功能,与村寨的围墙连在一起抵御外来侵略,同时,寨门也是迎接宾客的场所,有的寨门还设有亭廊供人休息。寨门一般朝东或朝南,以便于迎接阳光和宾客,侗寨可以有一个或多个寨门,有的村寨甚至在东西南北四个方向上都设有寨门。

虽然侗族村寨分布区域较广,但却遵循着相同的布局与建筑特色,只是规模上会有所不同,较大规模的侗族聚居区以程阳八寨为代表。程阳八寨的历史可以追溯到大约700年前,由程姓和阳姓两家人最早迁徙至此居住,400年前形成了现在的村落群。八寨内有9座风雨桥、11座鼓楼,以及侗族村落景观、侗寨吊脚楼、石板路等传统景观。所谓的"八寨",指的是东寨、平甫寨、吉昌寨、大寨、平岩村的马安寨、平寨、岩寨、平坦寨八个自然屯组成,是中国侗族文化的重要聚集区域,位于广西柳州三江侗族自治县林溪镇。

侗族村寨的房屋,一户一栋,若干栋连成一片,顺地势蜿蜒绵延,一座座耸立

侗族村寨布局示意图

的鼓楼将村寨的气势挑起,飞檐的寨门后是怎样一个神秘的地方。飞跨在江面上的风雨桥见证着侗乡人的来来往往,一辈又一辈人员更替,不变的是廊桥上的闲座与家常趣事。沉稳的黛瓦,似乎能包容一切,广场上芦笙会传来的震天笙歌,在戏台上仿佛永远唱不完的侗族大歌过后,转眼又回归到平静的日常生活。侗族村寨的乡愁,似乎总在喧嚣与宁静间徘徊,午夜梦回,老阿妈仍在风雨桥上吟唱着过往。

云上的人家

哈尼族阿者科村位于云南省红河哈尼族彝族自治州元阳县。"阿者科"在哈尼语中意为"茂盛的森林",这个村落有着200多年的历史,保留着60余栋非常具有特色的哈尼族"蘑菇房",是元阳县内保存最完好的哈尼族古村落之一。

红河地区的哈尼族居住在红河南岸的哀牢山上,因为达到了海拔1800米,所以其周围云雾缭绕。蘑菇房是哈尼族的传统民居,这种建筑采用土基墙以利保暖,竹木架上设置稻草顶。采用稻草搭建的屋顶设计为四个斜坡面,有利于排水和防雨,因外形酷似蘑菇而得名。蘑菇房通常分为三层,底层用于圈养牲畜和堆放农具,空间通常都十分低矮;中层是居住空间,用木板铺设,设有火塘、卧室、起居室等都在这一层,是蘑菇房的主要生活空间;顶层用于存放粮食和其他物品。此外,中层通常还设有一片没有屋顶覆盖的平台作为晒台使用。蘑菇房家中的火塘是家庭成员聚集和社交的中心,也是进行祭祀活动的地方。蘑菇房的外形美观,与周围的山峰、云海和梯田相映成趣,构成了独特的景观。

阿者科村的寨门和神树是该村重要的文化和精神象征。阿者科村的寨门不仅是村落的入口,也是村民社交和举行仪式的重要场所,它既是村庄的边界,也是村民公共生活的一部分,承载着村落的传统和习俗。在阿者科村,神树位于寨神林中,是哈尼族人民崇敬自然、敬畏生灵的体现,也是村民祈求风调雨顺、五谷丰登的神圣对象。

在寨门之外的哈尼梯田以其规模宏大、气势磅礴而著称。梯田随山势地形变化,从山脚至山巅,级数最多的可达3700多级,垂直落差可达2000多米。阿者科村位于梯田的中心,山上是成片的密林,山下是壮观的梯田,云雾起时,顺山势铺陈开来的梯田犹如通向上天的台阶,若隐若现的蘑菇房遥远而神秘;云雾散去,太阳下的梯田犹如绿色的镜面,在波光闪烁的镜面上,有人在穿梭耕作,仿佛是天外的人家,是另一个世界的盛景,也在这刻才能真正理解,渺小与伟大。

云南省元阳县哈尼族阿者科村蘑菇房

云南省元阳县哈尼族阿者科村景

蓝天白云下的碉房

西藏地域辽阔,各地区的藏族建筑受地形、地貌和气候等因素的影响,加上与其他民族文化相互影响和交融,形成了几个不同的文化地理单元,如卫藏、康巴、安多等。藏族人认为建筑是有生命的,采用自然材料建造,建立起人、建筑与环境之间的有机生命关系。藏族建筑表达着深邃的宇宙观,如神山、圣湖及玛尼堆等,共同架构成一个曼陀罗的世界。藏族古村落的建筑与布局不仅是藏族文化的重要载体,也是人类建筑多样性的宝贵财富,体现出朴实的生态观、生命观、宇宙观,讲求与环境和谐共生,因此保护和传承这些独特的建筑遗产,对于维护文化多样性和可持续发展具有重要意义。

西藏碉楼

尼汝村

  藏族古村落以其独特的建筑风格、深厚的文化底蕴和优美的自然风光而著称。藏族古村落的建筑与布局深受高原自然环境、生产生活方式及藏族文化的影响，具有独特的风格和特点。藏族建筑在选址、用材及建造、装饰等方面有一套完整的体系，反映出其与自然和神灵的互动。不同地形地貌和气候环境下，藏族建筑展现出相似却各自不相同的风格，如藏北高原的牛毛毡帐篷，藏南河谷的宫堡、宗堡等。牧区、半农半牧区、农区和林区的生产方式对建筑的类型和风格有显著影响。

  在建筑材料上，藏族古村落的建筑通常采用石木或土木混合结构，为了抵御高原的大风和寒冷，使用厚实的石墙或土墙，依靠墙体与柱顶托木式构架共同承重。与严酷的气候相对应，建筑外观坚固厚实、朴素自然，但建筑内部装饰华丽，颜色以黄、绿、红、白、蓝五色为主，常见花卉、宝石或祥瑞等图案，显示出人们对于美好生活的向往。

  尼汝村，在藏语中意为"阳光照耀的地方"，位于云南省迪庆藏族自治州香格里拉市，海拔2705米。是"三江并流"世界自然遗产地的一部分，拥有丰富的自然资源和生物多样性。村落中的藏族居民，日出而作，日落而息，守护着这片山水。尼汝村附近有著名的七彩瀑布，瀑布水流清澈，在高原的溪地环境下主要生长着苔藓和蕨类植物，因此与瀑布的流水一起形成了斑斓的色彩。

次角林村与拉萨市区和布达拉宫隔拉萨河相望。次角林村历史悠久，约在清代中期建次角林寺，这里曾有次角林活佛代理西藏地方的管理，次角林村即在此基础上，围绕次角林寺建成，在西藏地方政教史上都有重要的地位。村里还有宗赞寺，供奉着当地的地方神宗赞，宗赞寺与蔡公堂村的蔡公堂寺女神有着美丽的传说。每年藏历4月15日的蔡公堂梅朵却巴（鲜花供佛节），次角林村的村民会将宗赞神像护送到蔡公堂寺，与女神同住一宿，体现了独特的民间习俗。次角林村的聚落选址于三面环山，一面临拉萨河的山谷中，空间布局以次角林寺为中心向外分散开来，并按地势顺着山谷呈长条形分为多个聚集区，显示出与自然环境和人文历史的密切关系。次角林村的建筑主要采用土坯或土石混合砌筑

错高村半木半石或全石结构的民居

次角林村

而成,具有浓厚的民族特色和地域特点。各聚集区都设有公共的晒场用于晾晒农作物,公共的林卡用于共同进行林业种植。

芒康盐井民居村落主要是加达村和上盐井村,属于西藏自治区芒康县纳西民族乡。加达村位于澜沧江西岸,上盐井村位于江东岸,两个村落都坐落于群山峡谷之中,具有优美的自然景观,也具有独特的地理环境和文化特色。因为芒康盐井的制盐历史已有1300多年,因此是"茶马古道"上的重要驿站,至今保留着传统的制盐方法。村落的居民世代以制盐为生,采用古老的手工晒盐技艺,包括挖盐井、取盐卤、晒盐池、收盐粒等步骤。加达村主要出产红色的盐,被称作"凤";而上盐井村则出产白色的盐,被称作"凰",这与两岸的土质有关。村落的民居多为百年藏式建筑，具有传统的藏族特色，内部装饰和陈设保留着古老的风貌。

错高村位于西藏自治区林芝市工布江达县，是一个具有千年历史的藏族古村落。错高村的民居多为半木半石或全石结构，采用榫卯结构搭建，没有使用钉子，体现了工布藏族民居的传统建造方式。这些民居大多有百年以上的历史，有的甚至达到数百年，是了解林芝工布地区藏族传统民居的"活化石"。村民就地取用木材和石材，石砌的院墙上堆放着薪柴，院落宽敞，可以堆放草料和圈养牲口。错高村的村落布局和民居建筑风格完整地保留了工布地区传统，曲折的小巷通向全村的宗教场所，如玛尼拉康、玛尼石堆和经幡柱。错高村是工布地区唯一完整地保持了工布藏族传统村落布局、民居建筑风格、习俗文化和信仰的村落。

西藏林芝市扎西岗村四面环山，溪流蜿蜒，具有人间仙境般的

昌都夏荣村 ▶
西藏林芝村寨 ▼

美景。其传统民居体现了浓厚的藏族文化特色,传统建筑墙体主要采用石材和黏土,石材堆砌后用泥巴抹缝,并以石灰浆涂刷。石材保持本色,建筑外部以淡雅、清新的色调为主,与周围的自然景观融为一体。扎西岗村的民居依山而建,坐北朝南,周围环境有青龙山、白虎岭等,村内水渠环绕,建筑布局体现了藏族文化中与山林融为一体的自然生态观。民居内部通常设有藏式厨房和会客厅,摆放具有传统特色的工艺品。房间沿袭了当地传统民居风格,有的房间内还设有火塘,这是藏族生活的重要组成部分。

西藏自治区昌都市八宿县的来古村位于然乌镇,靠近然乌湖和来古冰川,保持着"原汁原味"的藏族村庄风采。这些村落坐落在美丽的自然环境中,周围的雪山、森林和溪流为村落提供了丰富的自然资源。来古村的传统民居多为土木结构,具有典型的藏族特色。民居建筑多采用当地的石材和木材,体现了对自然环境的适应和利用。来古

古村落——远村月更明

甲居藏寨

村的民居不仅在建筑上具有藏族特色,其内部装饰和陈设也体现了藏族的宗教信仰和生活习俗。

夏乌村,又名夏荣村,属于西藏昌都江达县,是四川与西藏交界的康巴地区。这个村落平均海拔约3300米,因海拔较高,因此是一个半农半牧的村庄,周边有层层叠叠的梯田,主要种植青稞。夏乌村传统的藏式建筑散落在梯田之间,与周围的自然环境和谐共存。大山环绕,为村民提供了放牧的区域,体现了自给自足的生活方式。村落下方设有多个"洒咧"营地,是当地村民休闲娱乐的地方。西藏自治区林芝市波密县玉普乡的米堆村,位于藏东南的念青唐古拉山与伯舒拉岭的接合部,米堆冰川脚下,村子周围有肥沃的耕地和茂密的森林。米堆村的建筑体现了藏族的传统建筑风格,通常结构稳固,能够适应当地的气候条件。米堆村的居民主要种植小麦、青稞等农作物。

甲居藏寨是位于四川省甘孜藏族自治州丹巴县的一个美丽村寨,距离丹巴县城大约十六里。这个藏寨以其独特的自然风光和文化特色而闻名,这里的山峦连绵起伏,森林茂密,湖泊星罗棋布,被誉为"中国最美的乡村古镇"之一。"甲居"在藏语中意味着"百户人家",整个藏寨依山而建,从大金河谷向上延伸至卡帕玛群峰脚下。这里的藏式楼房点缀在绿树之间,与山谷、溪流和雪峰共存共生。甲居藏寨的建筑特色鲜明,是嘉绒藏族文化的典型代表。这些建筑通常采用石木结构,外墙以白色、褐色与黑色圈涂成条纹,并绘有日、月、星辰和宗教图案,展现出美丽而整洁的外观。

西藏地区所在的青藏高原,是人类原始文明的发源地之一,这里地貌特征变化极大,既有连绵的山脉,也有纵横的河流和峡谷;气候类型复杂,从热带到高原寒带气候均有,各地区的自然资源不同,因此造成各地区的民居村落建筑也各有不同。但是这里有着统一信仰的人民,使村落建筑也具有一些相同的特征,集中了自然、人文和宗教三重因素,因此形成极具标识性的建筑形态与特征。

泉州红砖民居

记忆中那个红火又洋气的家乡

  泉州红砖民居村落是闽南地区特有的传统建筑形式，具有深厚的历史文化底蕴和鲜明的地方特色。在闽南语中，房屋常被称为"厝"，又因为此地大多聚族而居，因此有很多以姓氏冠名的厝即为地名，如张厝，即是以张姓为主的人聚居的村落。闽南地区的古厝以红砖厝为代表。

  泉州地区的红砖厝主要分布在鲤城、晋江、石狮、惠安、南安、安溪、永春、德化、原同安及金门等地。红砖厝是以当地原产的红砖为主要材料建造的，屋顶一般以红瓦盖顶，室内铺陈的地板也是方形、长方形或八角形的红砖。红砖厝的建筑结构多样，布局以三合院、四合院等合院式为主。红砖厝除了色彩以红为主，另一大特色是装饰艺术的多样性，建筑中还包括传统的木雕、石雕、砖雕，尤其以屋顶、屋脊、山墙处的大量灰塑、剪粘、陶塑、彩绘等装饰最为特色。红砖厝就像是闽南文化的一个重要的符号，那红火的砖墙和彩色的屋脊，是人们思乡时最先跳入记忆的形象。

杨阿苗宅是泉州地区著名的传统红砖民居,始建于清光绪二十年(1894年),至宣统辛亥年(1911年)全部完工,历时18年。杨阿苗宅是三进五开间的院落,悬山式屋顶,东西两侧各有护厝一组,整体布局和风格体现了闽南建筑文化中的风水玄理。建筑装饰集中展示了闽南民居装饰的精华,包括精美的木雕、砖雕、漆雕、灰雕和石雕,此外在院落的影壁等处还摹刻有颜真卿、苏轼等古代名家的书法作品。杨阿苗宅传统民居大院建筑不仅体现了其文化中主次尊卑明确和尚礼、崇文的特性,还显示出浓郁的地区建筑装饰风貌。

福建省泉州市南安官桥镇漳里村是一处著名的清代民居建筑群,由蔡启昌及其子蔡资深于清同治年间至宣统辛亥年(1911年)兴建。建筑群占地面积约1.53万平方米,包括十五座宅第和一座宗祠,共计近四百间房间,布局分五行排列,每行二至四座宅第不等,坐北朝南。建筑群的主体为硬山式屋顶,雕梁画栋,装饰有精美的木雕、灰雕、砖雕、花岗岩和辉绿岩石雕。建筑群集中表现了闽南成熟的雕塑艺术,同时反映了其受印度佛教、伊斯兰教及南洋文化和西方建筑艺术的影响。其宏大的规模、严整的布局、精美的雕饰、丰富的内涵,是闽南传统民居建筑的典型特征。建筑群中留有清末泉州籍状元吴鲁和陆润庠等名人的书画作品,增添了建筑群的文化底蕴。建筑群的营造技艺吸收了南洋文化和西方建筑的装饰艺术特点,所用装饰材料如珍贵的楠木及当年少有的水泥花砖,都从国外进口。南安蔡氏古民居建筑群是闽南地区传统建筑的杰出代表。

泉州红砖民居村落是中国传统建筑的瑰宝,其独特的建筑风格既有对中国传统合院建筑形式和等级分明的布局结构的遵从,也有独特的本地建筑面貌,更有对南洋和西方等不同地区和不同宗教文化建筑装饰元素的大胆引用,因此使建筑具有丰富的文化内涵。这种独特的民居建筑和村落形象,也是当地频繁对外交流的海洋文化在建筑上的体现。

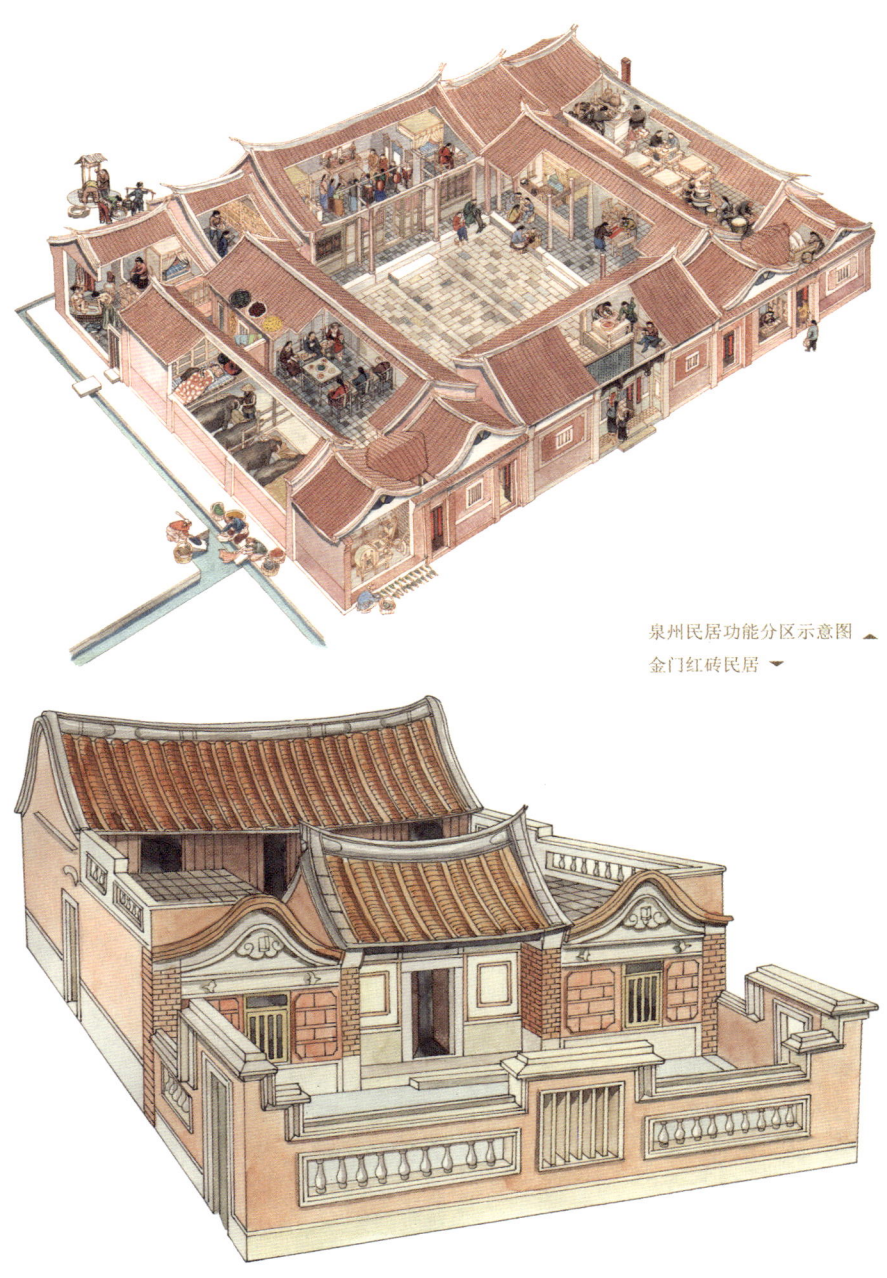

泉州民居功能分区示意图
金门红砖民居

古村落——远村月更明

山间水畔跷脚立,顺风顺水吊脚楼

吊脚楼主要分布在西南地区的山区,包括四川、贵州、湖南、广西等地。这些地区高原、山地、丘陵和盆地穿插,地势起伏,地形复杂,因此气候类型包括热带、亚热带、温带和寒带多种,虽然生物多样性极其丰富,但平地少,山地与河流众多,地势变化大。吊脚楼就是在这种情况下产生的,并以其适应当地多变的地理

环境和气候条件的优势，成为生活在这里的苗族、侗族、壮族、布依族、土家族等多个少数民族共同选择的传统居住形式，具有独特的建筑特点和文化内涵。

吊脚楼通常建造在山坡上、河水旁，利用地形的自然倾斜，使得建筑的一半或部分悬空，依靠木柱支撑，不仅节省用地，还能够适应山区多变的建造环境。吊脚楼的主体多采用穿斗式木结构建造，具有较好的抗震性和适应性。吊脚楼一般分为两层或三层，上层用于居住，下层多用于圈养牲畜、堆放农具或储存杂物，充分利用了空间。由于建筑是悬空设计，吊脚楼具有良好的通风和防潮性能，适宜潮湿多雨的山区气候。吊脚楼在细节装饰上，各民族和各地区呈现不同的特色，如苗族吊脚楼的飞檐翘角、雕花栏杆等。

四川沿江吊脚楼

天门村干栏式吊脚楼村落 ▲
贵州苗族吊脚楼 ▶

  天门村位于贵州省六盘水市水城区花戛乡，是一个具有600余年历史的布依族聚居村寨。这个村落以古朴的吊脚楼群分布在原生态的自然景观中，构成了一幅美丽的山水田园画卷。由于三面环山、一面临江的地理位置，天门村交通不便且地理位置偏远，过去几乎与世隔绝。村落里的居民需要翻越险峻的大山，通过狭长的山体缝隙攀爬数百层石梯，才能外出。村落中有178栋木瓦结构的建筑，沿用着刺绣、织布、牛耕等传统生产方式。天门村的吊脚楼不仅承载着布依族的传统文化，也是人与自然和谐共生的生动体现。

  凤凰古城的吊脚楼是湘西地区具有浓郁苗族建筑特色的古建筑群之一，建筑风貌和民族特色独特。凤凰古城中有沱江流过，整个古城海拔从800米以上到500米以下，分三级三台式顺江错落，地势落差较大，因此从清早期建城以来，顺江两岸

就普遍采用吊脚楼的形式。这里的吊脚楼多以"二屋吊式"为主，沿河联排建造，部分空间依靠木柱支撑悬挑于水面或河岸道路之上。吊脚楼的外部空间形态灵活、自由，有错层、退层等形式，立面高宽比例大于1，呈长方体块状。内部空间通常为方形，三开间，中部空间作为中心空间使用。吊脚楼的装饰精美，山墙高出屋面，屋脊形态多样，门窗和栏杆常有雕花装饰。室内装饰体现了苗族的民族信仰和文化习俗。吊脚楼采用"厂"形穿斗式构造，多以杉木和瓦石为主要建筑材料，具有较好的稳定性和抗震性。吊脚楼的造型体现了"朴素、自然"和"反次序"的美学特征，强调结构美，且就地取材，与周边自然环境和谐共处。吊脚楼不仅是一种建筑形式，也承载了苗族的历史和文化。它的设计和建造融合了苗族人的生活习俗和信仰。

四川民居院落

与山峦相映成趣的田园画卷

四川传统村落的规划与构成模式是很有地方特点的，主要体现在注重环境与自然的融合、灵活的平面布局，以及无规律的村落外形上。

四川多山，因此四川的村落极其注意建筑与村落环境的融合，大多依山临水，后高前低，村落建筑依照等高线营造，且层层拔高，与四邻环境协调。木结构的灰瓦屋顶，外观朴实并与山野相融。其选址十分讲究，背依群山，面向秀林，虚实结合，错落有致，既是观赏风光的好地方，又与秀丽多姿的景色十分谐调。

灵活的平面布局是四川村落布局的最典型特点。四川的山地特点使得宅基地的形状多变。人们没有愚公移山的执着，但是有依附自然的情怀。因此在"捉襟见肘"的平地上，四川民居院落有明显的中轴线而又不受中轴线的束缚，呈现出一种自由灵活的平面布局。利用曲轴、副轴，使建筑组群随地形蜿蜒多变，曲折迭进。

村落中的各家宜左宜右，忽上忽下，充满自然情趣。每家的院落空间也常常是大、中、小结合，层次丰富，有小中见大的效果。在封闭的院落中设敞厅、望楼，取得开敞而外实内虚的视觉效果。

四川民居的村落或为大型庄园，或为廊院式、连排式，或为分散的农舍、独立的民居等。现存的四川民居有江安县夕佳山院落、阆中古城民居、崇州市杨玉春宅第、峨眉山徐宅等保存较好又具有代表性。四川民居采用石、砖、木、竹等多种材料，其结构多为穿斗式木构架，悬山式屋顶前坡短、后坡长，多外廊，深出檐，造型空透轻盈，色彩清明素雅。

夕佳山民居是位于四川省宜宾市江安县的一座古代民居建筑群。这组民居始建

四川江安县夕佳山民居

于明万历四十年（1612年），由黄氏家族的住宅发展而来，经过清代和1930年的维修和扩建，形成了今天的规模。夕佳山民居具有典型的"川南庄园"特色，体现了明清以来四川南部的民间建筑风格。整体建筑以四合院式布局，纵深三进，有十一个天井，结构严谨，主次分明。以大门、前厅、堂屋为中轴线，左右两边对称展开。主要采用悬山穿斗式木质结构，青瓦盖顶，具有川南地区传统建筑特色。门窗木壁上雕刻有花卉、山水人物、戏剧故事等图案，石台阶、石栏杆上也有精细雕刻。建筑内部功能分区明确，包括文魁门、前厅、堂屋、客厅、厢房、戏台、绣楼、碉楼等。前厅正面的木板墙上有精美的木雕，雕刻主题包括"渔樵耕读"等传统故事，以及吉祥图案。民居四周环绕园林式自然景观，上百亩楠木林里是白鹭的栖息地，被誉为"中国天然鹭鸟公共园林"。

四川省巴中市通江县的泥溪镇梨园坝村是一个历史悠久、风景秀丽的传统村落。梨园坝村保存有58套穿斗木结构的古院落，包括马氏宗族祠堂、戏楼等，多座都是建于明清时期的古建筑，还保存有20余座雕刻精美的古墓，部分可追溯至南宋时期。村落依山傍水，拥有优美的自然环境，具有丰富的历史文化价值。

西双版纳傣族民居村寨

远山深处有人家

傣族是中国西南地区的一个重要民族,主要分布在云南省的西南部地区,西双版纳傣族自治州是其中的聚居地之一。傣族古村落以其独特的建筑风格、丰富的民族文化和传统习俗而闻名。

曼掌村位于云南省西双版纳傣族自治州勐养镇。这个村子被热带雨林所环绕,拥有古朴原始的傣族老建筑,村民家中种植了大量花草,是一个原生态的傣族古村落。村中的房屋多为木制吊脚楼,这种设计适应西双版纳潮湿多雨的气候,也可防

止蛇虫爬入，并保持居住空间空气流通和干爽。曼掌村保留着古老的傣族传统文化和手工艺，如傣族造纸、慢轮制陶、织锦等。

傣族传统村落的设计反映了傣族人民对自然环境的尊重和适应，以及他们独特的文化和生活方式。傣族村落通常选择靠近水源的位置，如河岸或山坡，以便利用水资源进行农业灌溉。村落布局往往顺应自然地形，形成"山、村、田"的圈层式格局。村落中心通常有佛寺和佛塔，这些是村落的宗教和文化中心。此外，村落中还有公共空间，如广场或集市，供村民聚会和交流。傣族的传统建筑以干栏式建筑为主，这种建筑结构适应了西双版纳湿润多雨的气候，具有防潮湿、防震、防蚊的特点。建筑多为两层，上层居住，下层用于饲养牲畜或存放物品。傣族建筑大量使用竹子和木材，这些自然材料不仅易于获取，而且具有良好的通风和隔热性能。人们居住建筑采用的木材和竹材来自于山林，日常生活也与山林息息相关，因此傣族村落注重对自然环境的保护，这么多村落都会保留一定面积的山林或古树作为保护区，体现了傣族对自然的敬畏和保护意识。

雪山沙漠相伴的温馨人家

新疆地区自古就是中国西北对外联通的重要地区，拥有丰富的民族文化和多样的民族构成，生活着维吾尔族、哈萨克族、回族等诸多民族，是个多民族、多宗教，且具有丰富文化多样性的地区。由于新疆地域广阔，南北气候差异、地理环境差异较大，民族和宗教习惯各有不同，因此各地的民居村落的差异也大，各具特色。

吐鲁番地区位于新疆中部地区，这里的麻扎村是新疆最古老的维吾尔族村落之一，拥有1700多年的历史。麻扎村的建筑大量使用当地的黄黏土和生土，以土木结构为主，包括窑洞和平房，具有冬暖夏

麻扎村民居

凉的特性。村中的窑洞民居是通过掏山挖地而成的,上层通常为平房,屋顶设有方形的天窗。房屋的装饰主要集中在木质门窗上,采用雕刻和花窗格的形式,以植物和线条作为装饰纹样。村内有宏大的清真寺,有霍加木麻扎,即"圣人墓",据说已有 1300 多年历史,是村宗教活动的中心。麻扎村附近的吐峪沟千佛洞是新疆著名的佛教石窟之一,内有壁画和佛像,是研究佛教文化的重要资料。

  达里雅布依村是位于塔克拉玛干沙漠腹地的一个维吾尔族古村落。达里雅布依村的古民居体现了沙漠地区的传统建筑风格和人们适应极端环境的智慧。古民居的框架多为木骨泥墙结构,使用胡杨木为梁、红柳枝编成墙体,外覆草泥和芦苇,这种结构既坚固可防风沙,又能遮挡烈日,适应沙漠的气候。

和田地区雅布依村沙漠民居

　　民居布局通常为前院后屋，这样的设计既保证了居住的私密性，又可以在前院进行日常活动。达里雅布依村的民居非常分散，一家与一家之间可能相隔几里到几十里，这种分散的居住模式与他们游牧的生活方式有关。民居的建筑材料大多就地取材，与周围的自然环境和谐共生，体现了当地居民对自然资源的珍惜和合理利用。古民居不仅是居住的场所，也是展示达里雅布依人传统生活方式的窗口，达里雅布依村的居民保留了传统的生活方式和文化习俗，如骑骆驼、制作库麦琪（一种沙漠烤饼）等。村落周围的原始胡杨林和红柳为古建筑提供了天然的保护，同时也成为村落文化的一部分。

　　与以沙漠为主的新疆北部地区相比，新疆南部的气候更加宜人。墧阿巴提塔吉克民族乡是位于新疆维吾尔自治区和田地区唯一的塔

上 | 和田民居　　下 | 塔吉克族村落民居

吉克民族乡，布琼村是其中的一个村落。这个村落位于海拔 2400 至 3000 米的山区地带，南与巴基斯坦接壤，西连喀什地区叶城县，气候凉爽，水源充足。村落所在山区海拔较高，地势南高北低，属于高原山地气候，夏季凉爽，冬季严寒，春秋季节不明显。坶阿巴提塔吉克民族乡以畜牧业为主，养有羊、牛、骆驼、马、驴、牦牛等。林业方面，主要种植杨、柳、沙枣等。高原山地有着丰富的树木与草原资源，塔吉克族过着半游牧式的生活，牧们民在村中有固定住宅，多为土木或木石结构的正方形建筑，同时也会在放牧时居住在毡房或牧场的土屋里。

传统塔吉克族的房屋通常由门厅、正房、客房和库房等部分组成，有的房屋室内不分间，全家的饮食起居都可能在一间房屋内。墙壁多用石块或草皮砌成，顶部架有树枝，并抹上拌有麦秸的泥土。房屋顶部开有天窗，门一般向东开，靠近墙角以避免寒冷的西北风。塔吉克族十分讲究房内的摆设，使用各种挂毯、地毯，既保暖又可用来装饰，具有浓郁的民族风格。塔吉克族家庭通常是家长制，大家庭强调尊长爱幼、孝敬父母等美德。布琼村的塔吉克民居不仅是族人的居住地，也是他们文化和历史的载体。

古镇

——被重新定义的时光

古镇故事多

古镇指的是那些历史悠久、保留了许多传统风貌和文化特色的城镇。它们不仅是历史的见证，也是人们怀旧情感的重要载体。

古镇的建筑规模较古村落要大得多，通常作为区域性的经济、文化中心存在着，悠久的发展历史也印证着这些古镇在本地区历史发展上的重要地位，几乎每座古镇都曾有过辉煌的发展历程和各式动人的故事。古镇的故事也同各地不同面貌的古镇一样，有着各自不同的精彩，这些故事就像人的指纹一样，各不相同，带有浓郁的地方特色，也造就了古镇不同的人文历史。如位于杭嘉湖平原的乌镇，早在新石器时代就已经有人类居住，从春秋时期吴越两边的边境交界地，到五代十国的多元文化交汇之地，再到宋元时期的富庶与发达，这座有着7000年历史的古镇，直到今天仍作为区域经济与文化

乐平戏台：戏台通常与较大的广场相结合，也是许多古镇和古城公共活动的中心，不仅上演地方戏剧，还兼具集市和集会等多种功能 ◀

广西贺州黄姚古镇

中心发展着,镇上的河道、小桥与桥边的临水建筑,处处都充满了悠久的历史,背后可能都有着一段有趣的故事。

　　古镇的街道空间是在居民长时间的生活过程中逐渐形成的,是适应当地气候和地形地貌的产物,也是当地居民特定生活方式的产物。在此基础上不断扩展的新城镇建筑,也往往遵循传统的布局,如石板路、曲折的小巷、古朴的店铺等,这些元素让人仿佛穿越回过去的时光。许多古镇都最大限度地保留传统的手工艺,如织布、陶瓷制作、木雕等,这些手工艺不仅展示了古人的智慧,也是传统文化的体现。

　　古镇周围的自然环境,如山水、田园等,往往与古镇的历史和文化相辅相成,每个古镇都有自己的故事和传说，为人们提供了一种了解过去的方式。与快节奏的现代生活相比，古镇的慢生活让人们有机会放慢脚步，享受悠闲的时光，这种生活方式本身就是一种怀旧的体验。

古镇中常常保留着古代的建筑，如庙宇、祠堂、古宅、城墙等，这些建筑往往经历了数百年甚至更长时间的风雨洗礼，不仅具有很高的艺术价值，也是历史和文化的载体。古镇的建筑美是一种独特的艺术形式，它融合了历史、文化、艺术和工艺，反映了不同地区和时代的特色。不同地区的古镇建筑风格各异，如江南水乡的白墙黑瓦、川西古镇的吊脚楼等，每种风格都有其独特的美学特征。古镇的建筑群往往在布局和风格上保持和谐统一，与周围的自然环境和社区生活相得益彰。古镇建筑在细节处理上非常讲究，如木雕、石刻、砖雕、彩绘等，这些雕刻装饰往往以传统文化为题材，具有丰富的内涵。古镇建筑多使用本地区周边的自然材料，如木材、石材、砖瓦等，这些材料的使用使得建筑与自然环境更加和谐。古镇建筑在空间布局上往往富有变化，如公共区域相对开阔，道路四通八达；民居建筑庭院深深，风格内敛；各种商业建筑聚集，错落有致，为人们提供了丰富的视觉体验和空间感受。

古镇建筑在光影的变化方面具有独特的美学效果，一年四季都有不同的风景。在繁忙市场里透过窗棂的阳光有着难得的宁静气质，映照在墙面上的月光因风吹树叶而被摇晃得细碎，而雨后的河面上既有古树倒影一动不动，也有往来穿梭不断的人群，这些古镇生活的日常都能给人带来美的享受。古镇建筑往往蕴含着丰富的文化象征意义，如屋脊上的神兽、门楣上的对联、墙壁上的壁画等，这些都是文化传承的载体。古镇建筑不仅是艺术品，也是生活空间，它们与居民的日常生活紧密相连，体现了人与建筑的和谐共生。

时光的记忆

古镇的建筑美不仅是一种视觉享受,更是一种文化体验。它们让人们在欣赏建筑的同时,也能感受到历史的厚重和文化的韵味。

古镇往往承载着丰富的历史故事和文化传统,让人们能够一窥过去的社会生活和历史变迁。许多古镇会举办各种传统节日和活动,如庙会、市集、戏剧表演等,这些活动不仅展示了当地的文化特色,也吸引了众多游客。古镇常常是传统手工艺的传承地,游客可以在这里购买到独一无二的手工艺品。每个古镇都有自己的特色美食,这些美食往往与当地的文化和历史紧密相连,为游客提供了独特的味觉体验。与现代都市的喧嚣相比,古镇往往更加宁静和悠闲,为人们提供了一个放松身心的好去处。古镇的魅力在于它们能够让人们暂时逃离现代生活的快节奏,体验一种更加传统和宁静的生活方式。

古镇作为历史的见证,承载着丰富的文化遗产和独特的地方特色,是历史的缩影,也是社会多元文化的体现。古镇记录了不同历史时期的社会生活、建筑风格和城镇规划,是研究历史的实物资料。古镇反映了当时的社会结构和生活方式,是了解古代社会的重要窗口。不同地区的古镇展现了各自独特的地域文化和民族文化,体现了文化的多样性。对于原住民和后代来说,古镇是他们情感的寄托,是乡愁和

◀ 镇江西津渡古巷

云南某地牌坊式大门

浙江丽水松阳松庄村

文化认同的来源。

古镇的美是多方面的，其以独特的方式融合了自然、历史和文化，提供了一种与众不同的美学体验。许多古镇与周围的自然环境和谐共生，如依山傍水的布局，使古镇与自然景观融为一体，展现出一种宁静与和谐之美。古镇的建筑和街道往往保留着历史的痕迹，如斑驳的墙面、古老的石板路，这些细节都诉说着古镇的沧桑和故事。古镇是不同文化交汇的地方，不同民族和宗教的建筑、艺术和风俗在这里交织，形成了独特的文化景观。

许多古镇是艺术家和手工艺人的聚集地，他们的作品和创作活动为古镇增添了浓厚的艺术氛围。古镇的日常生活也是其美的一部分，如早晨的市集、傍晚的炊烟、居民的日常活动，都展现了一种朴素而真实的生活美。在古镇中徜徉，让人有诸多感悟。古镇通常拥有悠久的历史和丰富的文化，漫步其间，可以感受到时间的沉淀和岁月的变迁。

古镇的建筑和街道往往保留着古代的风格，让人感受到历史的深度和文化的传承。与现代都市的喧嚣相比，古镇的宁静和慢节奏生活可以让人放松心情，享受片刻的自在。古镇中有着许多世代相传的民居，反映了一种深厚的人文情怀。古镇常常与自然景观融为一体，如小桥流水、古树参天，让人感受到人与自然的和谐共处。在古镇中，人们会反思现代生活的快节奏和物质追求，思考生活的真谛和个人的价值。

古镇虽然历经沧桑，但其核心的地域文化和精神却经历代传承而不会有根本性的变化，如千百年来不变的集市、庆典与祭祀活动，虽然每年举办和参加的人们有所不同，形式和面貌也早已不同往昔，但这些活动却被一代又一代的人们保留和传

承下来。当热闹的人群散去,街口的老人还在和懵懂的儿童讲述自己童年时的故事。无论是在遥远的很久以前,还是在漫长的未来以后,到了那个时间或地点,老街上仍会按照千百年传承而来的习俗,将一幕幕熟悉又陌生的热闹重演。这让人思考什么是永恒,什么是短暂。在古镇的旅行中,人们可能会重新定义时光的含义,乡愁,使想念也带有了传承的意义。

云南丽江古镇民居

山城古镇忙

重庆位于中国中部和西部结合地区，长江和嘉陵江交汇处。因其特殊的地理位置，是历史悠久的军事和政治重镇，同时也是历史悠久的交通与经济中心。作为长江上游地区重要的水运中心，这里是中国中西部与东部的重要陆路与水路交通枢纽。重庆地区的繁荣由来已久，频繁的商业活动不仅给重庆人民带来丰厚的收入，也带来了各地的文化与潮流。

重庆地区地形变化复杂，以山地丘陵为主，因此各地建筑多依山而建，是名副其实的山城。这里全年降水丰沛，汉族与少数民族混居，木结构的楼房和吊脚楼是各民族普遍采用的建筑形式，既可以随山势而建，日常居住又通风透气，正适合当地湿润的气候。古镇多就地取材，用石材铺设的街道在民居中若隐若现，尤其在月光下，犹如银龙一般。

江津中山古镇地处川、渝、黔三省交界处，始建于宋代，有着800余年的可考历史，曾名为龙洞场、三合场，最终定名为中山古镇。古镇的建筑沿笋溪河岸而建，采用吊脚楼形式，以青瓦红漆的配色而闻名。古镇建筑多为木结构，由圆柱承重，青色瓦片盖顶，红漆木板竹篾夹墙，色彩十分醒目。古镇街道用青石板铺设，街道两旁是古色古香的建筑，如老茶馆、老酒馆、老药房，街面采用骑廊式过街楼建筑，具有遮风避雨的功能，是西南地区保存最完好的明清商业老街。

重庆市江津区白沙古镇是从东汉末年就开始有人聚居的定居点，元代设立建制镇。白沙古镇位于山岭下，民居以山地建筑风格为主，吊脚楼沿江而建，依山而筑，形成了大规模的巴渝山地民居建筑群。古镇有保存完好的几十条老街老巷，青石路面蜿蜒曲折，街巷中留存有大量明清时期的建筑，如鹤年堂、夏公馆、白屋文学院、朝天嘴码头等。白沙古镇的建筑既体现了中国传统建筑风格，又融入了西洋元素，如四合院与洋楼结合的八角洋楼，显示出这个多文化交融的经济交通枢纽在文化上的包容性与开放性。

重庆市荣昌区的万灵古镇，原名路孔镇，始建于南宋时期，因漕运和出产贡品

中山古镇 ▲
白沙古镇 ▼

古镇——被重新定义的时光

086　园野乡愁

万灵古镇
东溪古镇

蜂蜜而成为水码头与物资集散地。清代嘉庆五年（1800年），为防御白莲教起义的侵扰，当地人在临濑溪河的东北面起伏的丘陵上兴建了大荣寨，这也是万灵镇的前身。古镇初建时有四大寨门，分别是太平门、狮子门、恒升门和日月门，其中狮子门和日月门保存较为完好。古镇内有众多古建筑，如尔雅书院、湖广会馆（禹王宫）、赵氏宗祠、小姐绣楼等，体现了巴渝地区的文化特色。老街全长502米，沿濑溪河而建，有石阶102级，两旁商铺林立，建筑风格为青砖青瓦，突出体现了明清时期靠水码头的商业兴起的市镇特色。

明末清初，荣昌地区因战乱而人口锐减，清政府采取"移民填川"措施，吸引了大量外省移民，形成了独特的移民文化，也使万灵古镇的建筑风格更加多样化。古镇的杀年猪、放河灯、缠丝拳等民俗活动体现了古镇丰富的文化传统。古镇依山而建，层层叠叠，具有"小山城"的美誉。

东溪古镇位于重庆市綦江区南部，与贵州省习水县接壤，是一座拥有1300多年历史的古镇。东溪古镇因毗邻东溪河而得名，在山地就势而建，是一处被山水环绕且清幽的居所。古镇始建于唐宋时期，曾是川黔古盐道和盐茶贸易的重要中转地，拥有丰富的码头文化。古镇的建筑保留了明清时期的特色，古镇内有龙华寺、麻乡约民信局、万天宫、南华宫等历史建筑，承载着丰富的历史文化。除此之外，古镇内有太平桥、上平桥等古桥，具有悠久的历史和独特的建筑风格。古镇的古建筑群整体保存较好，是东溪古镇的有机组成部分，反映了当地特色建筑风格。

松溉古镇，位于重庆市永川区南端，曾是宋高宗帝师陈鹏飞授书讲学之地，他的墓也在此地。古镇拥有26条街巷和长约6000米的青石板路，是西南地区最大的古镇之一。古镇以纪念性建筑及水利设施著称。建筑多为木质穿斗结构搭配白色的竹篾土夹墙，在外部形成色彩鲜明的对比，具有典型的川东民居风格。松溉古镇属于四川盆地中亚热带湿润气候区，气候温和，雨量充沛。松溉古镇拥有明清时代的四合院、碉楼、吊脚楼等多种古建筑形式，承载着丰富的历史文化。古镇拥有几十条街巷，其中有长达十里的青石板街道，街道蜿蜒曲折，展现出古朴的风貌。街道两旁的房屋邻里紧密相连，建筑因地势而建，平面形式多变，除了四合院，还有一字形、L字形和凹字形平面等多种形式。古镇中的古县衙保留有古代官署的建筑风格和布局，为研究古代政治制度提供了实物资料；东岳古庙，集儒、佛、道于一体，反映了多元的宗教文化。除此之外，还有飞龙洞摩崖石刻等历史文化遗迹，这些遗迹都述说着古镇的悠远的文化和历史。

龚滩古镇位于重庆市酉阳土家族苗族自治县，是一处拥有1800年历史的古镇，具有丰富的历史文化和独特的建筑风貌。古镇内有长约六里的石板街，串连全镇。两百多个古朴幽静的四合院，如冉家院子、西秦会馆等，是中国传统的合院建筑形式，屋顶上一百五十余座别具一格的封火墙，是古镇建筑的特色之一。古镇中五十多座形态各异的吊脚楼依山而建，凿石为基，体现了因势而建的地方建筑特色。古镇拥有保存完好且颇具规模的明清建筑群，如西望牛郎山的织女楼、鸳鸯楼、绣花楼等，各具特色，也记录着古镇建筑曾经的辉煌。

走马古镇位于重庆市九龙坡区，因地势形似奔跑的骏马而得名，始建于东汉，兴盛于明清时期，曾是成渝古驿道上的交通要冲和重要驿站。古镇保留有明清时期的建筑，如关武庙戏楼、孙家大院、利源客栈、陈海荣药铺

龚滩古镇

等，也是典型的川东民居。走马古镇保留有明清时期成渝古驿道的一部分，见证了古镇作为交通要冲的历史地位。古镇的街道由青石板铺就，经过岁月的洗礼，石板表面光滑，承载了古镇的沧桑与历史。古镇的建筑多为木结构，还保持着明清时期的建筑风貌，穿斗式结构的房屋上覆盖青瓦屋顶。走马古镇的民居多为四合院布局，院落中心设有天井，四周为房屋，建筑内部的门窗、梁柱上，可以看到精美的木雕或石雕，展示了当时的工艺和多样性的建筑风格。如关武庙戏

古镇——被重新定义的时光

楼，具有南方建筑风格，屋顶装饰有宝瓶和鱼形鸱吻，寓意平安和防火。

　　磁器口古镇位于重庆市沙坪坝区，古镇保留有古朴的青石板街道，街道两旁是古色古香的商铺和建筑。磁器口的吊脚楼依山傍水，体现了典型的巴渝民居特色，具有较高的建筑艺术价值。古镇内有许多保存完好的明清时期建筑，如宝轮寺、翰林院等，展现了当时的建筑风格。古镇中的四合院如钟家院同时具有北方四合院的韵味和南方民居的特色，体现了处于南北交通枢纽地区的混合居住风格。作为古镇的正大门，黄桷坪牌坊是标志性入口，上面写有对联，体现了古镇的历史文化。"小重庆"碑位于磁器口码头，也是古镇的标志性建筑之一。磁器口古渡口还留存有清光绪年间警示船只注意航行安全的石刻，见证了古镇曾经的繁荣。

走马古镇

磁器口古镇街巷

崎岖不平的地势，顺势而建的各式房屋，再加上屋顶上林立的封火山墙，当游龙般的石巷将这一切串联起来之后，古镇便有了鲜活的生命力和张扬的面貌，气势丝毫不逊于翻腾东去的大江。曾经繁忙的沿江码头如今依然人流涌动，大江南北的人们千百年来不断在这里聚集和交汇。在每一个清晨的薄雾里，沿街的商铺也依旧陆续打开门，热情迎接每一位到来的客人。古镇日复一日，在喧闹与宁静之间轮转；人们年复一年，在春秋与冬夏间忙碌。一个又一个时代就这样翻转着向前，古老的建筑和高高低低的吊脚楼伏在江边，见证着岁月的变迁，站于如画的古镇前感叹，我们都是过客。

侨乡万国汇

赤坎镇是广东省江门市开平市下辖的一个镇。赤坎镇开埠于清朝顺治年间,距今已有370多年的历史。

赤坎镇位于潭江之滨,是水路交通枢纽,历史上因水路运输便利而逐渐崛起,也因为是发达的水路枢纽,因此在清末和民国时期对外联系密切,西方的文化随着经济的交流从此地进入中国,不少中国人也从此地出走国外。赤坎镇是华侨漂洋过海的"始发站"之一,维系着开平众多海外华侨的"乡愁",连接着千万侨胞的根与魂。

赤坎镇拥有中国规模最大、界面最连续、保存最完整的侨乡骑楼建筑群,这些骑楼融合了中西建筑风格,通常有四五十米长、三层楼高。赤坎镇骑楼所在的商业

开平碉楼

街道，大多在民国时期修建，而且修建之初就有氏族统一管理，请工程师进行规划和设计街道，而街道两边的骑楼则交由个人竞价建造。这些骑楼下部是商铺，上部为住宅，适应亚热带气候，可避风雨、防日晒，建筑面貌则各式各样。赤坎镇的建筑深受华侨文化的影响，许多华侨从海外带回建筑图纸，并融合本地传统建筑风格进行建造，形成了独特的建筑风貌。

由许多在外经商的乡民给国内亲人资助建设资金，寄送混凝土等建造材料，聘请设计师专门进行设计建造起来的赤坎镇建筑，在传统瓦顶及青砖结构的基础上，融入了西洋的混凝土建筑材料，并汇聚了哥特式、古罗马券廊式、巴洛克式和中国传统式的多样建筑风格。赤坎镇的祠堂建筑具有特殊的形象，如坚翁司徒公祠，它建在中西合璧的骑楼之上，体现了当地宗族文化的独特性。

赤坎镇繁忙的贸易市场

除了统一规划的商业街道和街道上风格各异的骑楼之外，碉楼也是赤坎镇和整个开平地区的特色建筑。开平市现存最早的碉楼迎龙楼位于赤坎镇。这座老楼具有重要的历史价值，楼高三层，砖木结构，有明代原有的建构。开平碉楼是集防卫和居住于一体的多层塔楼式建筑，具有古希腊、古罗马及伊斯兰等多种风格，犹如汇集万国建筑风貌的博览馆一般。

赤坎镇因其独特的建筑和文化背景，成为许多影视作品如《三家巷》《一代宗师》《让子弹飞》等的拍摄地。赤坎镇孕育了许多著名人物，如爱国侨领司徒美堂、归侨飞机设计师司徒璧如等。

山上的船形街

罗城古镇位于四川省乐山市犍为县东北部，是一个在建筑学界非常知名的古镇。古镇居住着汉、回、彝、满、藏、黎、苗共七个民族，保留着部分明清时代的建筑风格，以及与移民背景密切相关的老四川文化中的多元人文风貌。

罗城古镇始建于明末崇祯年间，成形于清代，曾是军事要地，建于一座山丘的

罗城古镇戏台广场旁边的茶馆 ◂

顶上。罗城古镇的主要功能以买卖和休闲,以及举行公共纪念活动为主。

罗城古镇的建筑布局具有独特的风格和历史价值,其主街称为凉厅街,俗称为"船形街",因其整体造型酷似船形结构而得名。从高处俯瞰,凉厅街就像一只搁置在山顶的大船,据说当年是为了祈水。古镇不大,南北长约2000米,以中心一条长约200米的主街为轴,在主街两边对称各设置一排宽约6米的长廊。各式建筑顺着凉厅街设置,至今保留着明清时代老四川文化的人文风貌,街道两侧的民居店铺,均为川南民居传统的穿斗木构架形式,具有很高的建筑艺术价值。罗城古镇的船形街中部设有一个古戏台,是古镇文化活动的中心之一。每逢节日或特定日子,这里会有川剧等传统表演,当地居民和游客可以在这里欣赏到传统戏曲的魅力。

位于船形街东端的灵官庙,被比喻为大船的尾篷。灵官庙始建于清乾隆十九年(1754年),历史上经过多次修建,供奉灵官菩萨,是当地民间信仰的重要场所。罗城古镇有一座清真寺,是当地回民进行宗教活动的地方,也是古镇多元文化交融的体现。罗城古镇还包括其他如文昌宫、寿福宫、禹王庙、肖公庙和星金庙等的纪念性建筑,这些建筑体现了古镇丰富的文化底蕴。

罗城古镇

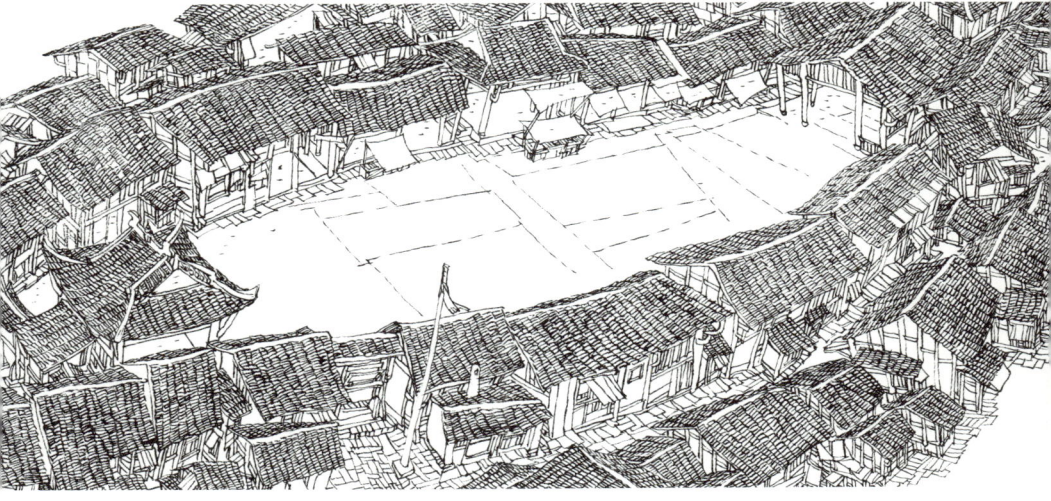

喀赞其老区

蓝色喀赞其

喀赞其是伊宁市的老城区,也是新疆北部一个以维吾尔族为主体的城区,是历史悠久的手工艺人聚集区,拥有厚重的维吾尔族文化,却又不失北疆维吾尔民族独特的民风民情。

喀赞其老区位于伊宁市东南方向,除维吾尔族,还有回族、哈萨克族、乌孜别克族、塔塔尔族等少数民族在此生活和居住。喀赞其老区有多民族长期聚集的历史文化背景,长期的共同生活使各族人民的住宅形式十分相似。庭院文化是喀赞其老区民居的特点之一,住宅院落始终保持着较为完整的传统风貌与格局,院落内多种植花草、搭设葡萄架;房屋建筑普遍使用蓝色涂刷;屋内外铺设碎花地毯,整个建筑显得精致而纯净。

吐达洪巴依大院是喀赞其老区内一个具有历史文化价值的建筑群。大院始建于1931年，由维吾尔族富商吐达洪建造，是当地著名的大户住宅，融合了维吾尔族文化、中原文化和俄罗斯文化。大院的建筑风格体现了多元文化的交融，外观呈淡蓝色，具有中西亚传统文化风格。大院内部有24间房屋，屋内整体风格体现的是维吾尔族、塔塔尔族民俗风情，尤以门廊上各种精美的装饰为特色，屋内还摆放有留声机、电话等当时先进的生活用品，展现着吐达洪巴依非凡的人生经历。

喀赞其老区目前仍旧是当地人生活的真实城区，也是富有传统特色的旅游文化区，它不仅是伊宁市老城区的代表，也是了解维吾尔族这个文化丰富的少数民族，体验当地人生活方式的好地方。

淡墨渲染的水乡明珠

同里位于江苏省苏州市吴江区，与周庄古镇、乌镇一样，同里古镇也是江南地区著名的历史文化古镇。其历史可追溯至新石器时代的良渚文化，自宋代起已正式建镇。古镇以"小桥流水人家"的风貌和深厚的文化底蕴著称。古镇外部水系环绕，内部有十五条河道纵横，因此石桥众多，其中最著名的是"三桥"——太平桥、吉利桥和长庆桥。同里古镇保留有大量明清时期的古建筑，且拥有得天独厚的水资源，因此园林尤以水系为一大特色。古镇上包括退思园、耕乐堂、崇本堂、嘉荫堂等在内，有多座明清时期的建筑与园林留存，其中最为知名的古建筑群是退思园。

同里是一个崇文尚教的地方，历史上曾有许多文人志士在此居住和讲学，如近代著名学者杨天骥、教育家金松岑、南社创始人之一陈去病等。此外，同里还有丰富的非物质文化遗产，如走三桥习俗、打莲厢等民间活动。

周庄古镇是江苏省昆山市的一个镇，原来是太湖中的一个岛，后来人工在水中填起来一条道路，与外界交通才方便起来，这也是古镇保存较好的一个原因。周庄的历史可以追溯到春秋战国时期，北宋元祐元年（1086年），周迪功在此设庄，捐田建寺，后来这个地方被命名为"周庄"。到了元代，沈万三家族的迁入，周庄水陆交通位置俱佳的优越，使这里成为集粮食、丝绸和手工制品于一体的贸易枢纽，带动了当地经济的繁荣。

周庄古镇的建筑随着经济的发展而兴盛起来，以其独特的水乡特色和保存完好的古风貌而闻名。沈厅是由沈万三的后裔沈本仁建于清乾隆七年（1742年），占地2900多平方米，是周庄最大的民居建筑，具有典型的江南民居风格。全福寺为寺院建筑，分为三个部分，东西各设为花园，中间是全福讲寺，是在宋代周迪功舍宅为寺的基础上建成的，具有悠久的历史。张厅是周庄保存比较完整的明代建筑，具有江南民居中典型的前厅后堂格局。

水乡的桥也极具特色，双桥是周庄的标志性建筑，由世德桥和永安桥组成，因两桥相连，形如钥匙，因此又称"钥匙桥"，是周庄的"名片"之一。富安桥位于周庄中市街东端，相传为沈万三的弟弟沈万四资助兴建，是古桥与楼阁相结合的独特建筑，也是江南水乡仅存的立体型桥楼合璧建筑。

周庄不仅经济繁荣，民居建筑遗产丰富，而且还保留着古老的民间曲艺、小吃，以及与其相关的历史渊源和传闻轶事。天然的水乡风光和丰富的人文景观，不仅让人拥有可听、可看、可食、可感的丰富体验，也使周庄成为文人墨客喜爱的地方，历史上许多诗人在此留下了赞美周庄的诗篇，无愧是淡墨渲染的水乡明珠。

乌篷船里话古今

乌镇是浙江嘉兴桐乡市下辖的一个镇，历史可以追溯到新石器时代，据谭家湾古遗址表明约7000年前就有先民在此繁衍生息。春秋时期，吴国在此驻兵，唐宋时期首次出现乌镇的记载，元明清时期乌镇在行政上有所变迁，曾先后隶属浙江的湖州、嘉兴，以及江苏的苏州治理。乌镇正处于杭嘉湖平原中心，既有平整的陆地，也有密布的河网，十字形的内河水将全镇分为四部分，当地人分别称之为"东栅""南栅""西栅""北栅"。

乌镇东栅的建筑体现了典型的江南水乡特色，民居沿河而建，许多房屋的一

乌镇西栅 ▶

部分延伸至河面上，利用石柱或木桩支撑，当地称之为"水阁"。东栅的民居保留了许多传统的江南水乡建筑特点，如马头墙、石拱门等。这里原来也是镇上商业和手工业聚集之地，十分热闹，而且除了陆地商业街巷，这里也有热闹的水市场，商贩们载着货物的小船顺河道边行边叫卖，水边的居民直接从水阁中进行购买，这是水乡独有的风景。除了货市，乌镇还有其他一些公共建筑，如修真观是一座古老的道观，与苏州玄妙观、濮院翔云观并称为"江南三大道观"。与修真观相对的古戏台，是传统的表演场所，经常上演地方戏曲。公生糟坊为老作坊，保留了乌镇传统的酿酒工艺。乌镇西栅在1999年之前是运河边上的一个很小的村子，因保持着水镇的旧貌，如一幅美丽的古画，还被海外杂志报道过。现在西栅已是江南开发最为成功的旅游小镇。

乌镇是江南水乡的突出代表，并因古往今来的诸多文人赞赏而蜚声中外。水乡古镇似乎有一种神奇的魔力，白天这里小船聚集，吆喝声不断，河道里是热闹穿梭不绝的商贩，河道边是从水阁里探出身仔细挑拣的居民。当夜晚来临，街巷静默下来，那几乎隐没在夜色中的乌篷船缓缓驶入水巷，就如同一阵云烟转眼不见，渐远的橹声，只会让人更感叹这水乡的寂静。

幽雅闲静赏塔影

无锡是中国历史文化名城，也是江南文明的发源地之一。约公元前1100年，周太王长子泰伯在无锡梅里

惠山古镇水街

建国,在这里兴建城池。公元前514年吴王阖闾建阖闾城,西汉高祖五年(前202年)设立无锡县,是无锡建县的开始。无锡城在历朝都经历修建和扩展,因这一地区既有平原、丘陵,又有水网河道,因此建筑形式也十分多样。

　　惠山古镇的历史可追溯到南北朝时期建成的惠山寺,作为禅宗重要道场的惠山寺从唐代到清代一直香火鼎盛,朝拜者众多,清乾隆皇帝还曾亲临拜谒。惠山古镇也因此繁荣起来,从唐代到清代,在寺庙外围不断兴建园林、民居、书院、诗社、祠堂等各类建筑,由此形成建筑类型丰富多样的古镇。

这种因寺成镇的独特历史背景，使各处的建筑，尤其是园林，都以远处的惠山寺为背景来修建，讲求与远处惠山塔的对景，这是惠山古镇的特色。清乾隆皇帝拜游此地时曾评价"惟惠山幽雅闲静"，可见其对此地的喜爱。

五桥步月的鉴湖水景

绍兴安昌古镇始建于北宋时期，因战乱多次焚毁，后于明清时期重建，建筑风格传承了典型的江南水乡特色。

安昌古镇的街道和建筑沿河而建，形成了一条长长的古街市，街道与河流紧密相连。古镇的南岸主要是居民区，北岸则是商业区，有各种商铺和作坊，如本地小吃腊味店、酱园、水上茶馆、扯白糖铺子等。河道上有多座古桥，将两岸的街道连接起来，方便居民和游客往来。南岸的街道上有带顶棚的长廊，可以遮阳、挡雨，是典型的江南水乡建筑特色。古镇的街道由青石板铺成，形成了曲折幽深的小巷和古朴典雅的街道。

古镇内有绍兴师爷馆、中国银行旧址、穗康钱庄等。安昌西街的岳云古庙也是安昌古镇的著名历史建筑之一。城隍殿也是一座历史悠久的建筑，建于明朝晚期，位于镇街的东端。城隍殿由前后三进构成，殿宇轩敞，建筑布局严谨。建筑内外有精美的石柱雕刻和楹联，山门连接的戏台倚河而建，其上有清雍正乙巳年（1725年）的"古今鉴"匾额。

绍兴柯岩位于柯山脚下，这里矿藏丰富，尤其出产优质岩石，柯岩的名称也由此而来。柯岩的历史可以追溯到汉代，因从三国至隋代的漫长历史时期内都被大批量开采，致使柯山石材资源临近枯竭，也在当地留下了诸多采石场和形态各异的石窟、石洞。除了石料的开采，这里还大规模开凿石像。据史料记载，柯岩造像始凿于隋代，最终在唐代完成。柯岩有十多处摩崖题刻，多为清代雕凿，保存较为完好的包括"云骨"摩崖题刻、"柯岩"二字篆书、"南无阿弥陀佛"楷书等。

普照寺是位于柯岩的一座历史悠久的佛教寺庙。普照寺原名柯山寺，始建于晋

古镇水街的古桥

永和年间（345—356年），是由朝廷敕建的。据《嘉庆山阴县志》记载，柯山寺因产石被民众开采形成岩洞，后来巧匠将其雕刻成佛，从唐代开始创建寺庙覆盖其上。后明代万历年间重建，并更名为普照寺。普照寺不仅是一处佛教修行的场所，也是绍兴古代采石文化与佛教文化相结合的一处重要遗迹。

柯岩是以深厚的历史文化底蕴和独特的自然景观而有名的，其中的"柯岩八

临水古戏台
柯岩水边的造像石窟

景"名声远扬。其包括弥勒佛像、云骨、七星岩、蚕花洞等展现石景的景观,以及展现鉴湖水景的五桥步月、南洋秋泛等。

弥勒佛像,是唐代僧人依岩开凿的弥勒坐像,高 10.6 米,通体一石,展现了唐代造像艺术的风格。云骨,被誉为"天下第一石",是从平地上直插云霄的奇石,形体曲折,高 30 余米,底围仅 4 米,顶端有苍翠古柏。蚕花洞与七星岩体现了柯岩的自然美景。五桥步月,位于东汉笛亭与葫芦醉岛之间,五座形态各异的绍兴古桥,巧妙连接群岛,形成独特的水乡风情。

雷公山下的千户人家

西江千户苗寨位于贵州省黔东南苗族侗族自治州雷山县西江镇,这里四面环山,一条白水河穿山而过,苗族西氏支系的十多个村寨聚居于此。全寨超过一千户,有五六千人口,是目前最大的苗族聚居村寨,因此叫作"千户苗寨"。千户苗寨以独具特色的木结构干栏式建筑及坡地的吊脚楼而著名。

苗族的传统民居是干栏结构建筑,因为这里四面环山,且居住密集,即使地势高差较大的坡地也要充分利用,以便建造更多房屋,因此把干栏民居的底层柱子加高,就成了吊脚楼。吊脚楼的部分或全部楼体悬空于地面之上的情况也十分常见。由于人们居住在山区,气候潮湿多雾,吊脚楼的结构也有利于通风和防潮,适应当地的气候条件。吊脚楼采用穿斗式结构,房柱之间用瓜或枋穿连,形成牢固的结构,具有很强的稳定性。吊脚楼一般分为三层,底层用于存放农具、杂物或作为牲畜圈,中层为居住空间,上层则用于储存粮食或其他物品。吊脚楼的门窗常有精美的雕刻,如万字格、喜字格等吉祥图案,体现了苗族传统的艺术审美。吊脚楼的屋顶通常采用歇山顶设计,有的还装饰有飞檐翘角,外观优美,与周围的自然环境和谐统一。

千户苗寨位于河流谷地,沿山麓依地势而建,四周环绕有大片的梯田,寨子后部的山上是密林,形成了独特的村落景观。站在西江千户苗寨附近的高处,可以观赏整个村落的美景,同时,村寨附近建有风雨桥,既方便居民生活,当地人们也认

贵州千户苗寨干栏式建筑

为其具有改善风水的作用。

苗族是中国人口第五多的民族,传统活动众多,如鼓藏节、苗年等传统节日闻名遐迩。各个村寨都有公共空间,作为日常晒谷和节庆日活动的场所,这些公共的空地与密集的吊脚楼形成对比,一张一弛,构成了苗寨特有的建筑节奏。苗族农耕、节日、银饰、服饰、饮食、歌舞等民风民俗,也如同不断更新的吊脚楼一样世代相传。

祥符调里忆往昔

朱仙镇是河南省开封市祥符区下辖的一个镇,始建于战国初期,原名聚仙镇,后因作为战国名士朱亥的食邑和封地而得名朱仙镇。唐宋以来,朱仙镇就是商埠重地。明末成为开封唯一的水陆转运码头,进入发展的鼎盛时期。朱仙镇与广东的佛

朱仙镇

山镇、江西的景德镇、湖北的汉口镇并称中国"四大名镇"。

朱仙镇位于中原地区，物产丰富，又兼具水路畅通，因此历代都是兵家必争之地，南宋时期，民族英雄岳飞在朱仙镇大破金兵，取得朱仙镇大捷。明崇祯十五年（1642年），李自成打败明朝军队，也是在朱仙镇。

朱仙镇的建筑体现了深厚的历史文化积淀和独特的地域特色，这里长期以中原文化的发展为主，同时区域内生活着包括汉族、回族在内的多个民族。镇内的街道仍保留着古老的名称，如车店街、杂货街等，彰显着曾经作为中原经济重镇的辉煌历史，也印证了古代以行业聚集经营的功能分区布局特征。镇中建筑整体以传统的四合院建筑为主，采用中轴对称式布局，建筑以砖木结构的硬山两坡屋顶形式为主。

朱仙镇岳飞庙是中国三大岳庙之一，始建于明成化十四年（1478年），经过历代扩修，形成了规模宏大的古代建筑群。朱仙镇清真寺始建于北宋太宗年间，扩修于明嘉靖十年（1531年），重修于清乾隆九年（1744年），距今已有千年历史。朱仙镇清真寺的建筑风格和装饰在中国范围内均属罕见，具有浓厚的宗教气息和"天人合一"的中国传统文化思想。

朱仙镇是木版年画、新春对联和豫剧祥符调的发源地，拥有多种文化元素，至今仍以其浓厚的地方特色吸引着人们。作为历经多个朝代的商贸聚集地，这里形成了包括古镇文化、码头文化、民俗文化等的诸多文化遗产，在一代又一代的传承之下，将远古与现代紧密连接起来。

赤水河上的重镇

丙安古镇位于贵州省遵义市赤水市，古称丙滩，因地处赤水河中游的丙滩而得名。明朝丙滩首次设立行政区划，是沟通四川与贵州的一处驿道和商贸集散地，在军事上也有重要的作用，因此形成具有较强防御性的古镇形貌。

丙安古镇选址是非常智慧的，坐落在川黔古道与水运方便的赤水河上、下游分段点，是滇、川、黔三省地区往来盐船和商家必经的夜泊之地。丙安古镇选址位于

丙安古镇

赤水河的险滩旁，利用自然地形作为防御，同时靠近河流，便于取水和水路交通。古镇选址充分考虑了军事防御和商业贸易的需要，形成了一个以经贸为主、军事为辅的军商型屯堡。丙安地貌属于高山峡谷型，山大坡陡，沟壑纵横。古镇原设四个城门，这些城门建造在平地上，而镇中的主建筑群以吊脚楼为主，都建在河畔的岩石上，由圆木支撑，十分稳固。古镇内的街道由古石板铺就，高低起伏、错落有致。现存清代的古纤道长约500米，是古盐道的一部分，石板铺成，见证了古镇作为水陆码头的历史。葫芦街是古镇内最繁华的老街，街道弯弯曲曲，户户相连，紧密而不拥挤，有各种特色美食和民族服饰。保留着明清时期古城堡全面貌的是东西两个古寨门——东华门和太平门，均为拱形石门，是古镇的重要标志。

古镇附近保存有一座双龙桥，因桥身上雕刻的两条石龙而得名，是古镇的重要交通要道。民国时期留下的摩崖石刻，上面刻有"惠及乡邻"四个大字，体现了古镇的文化底蕴。

丙安古镇的建筑形制兼顾了军事的防守性与商业的联通，顺山而建的吊脚楼和宽阔的石板街道强化了建筑的实用性。丙安古镇的建筑特色以临水而建的吊脚楼为主,这些木质结构的楼房由数百根圆木支撑在岩石上,悬空而建,历经千年沧桑,展现出独特的风貌。

黄河碛口古渡忙

　　碛口古镇靠近黄河,是晋西吕梁山中的一个古镇。碛口古镇依吕梁山而建,位于晋陕大峡谷中段,黄河与湫水河交汇处。湫水河携带的大量泥沙在此处沉积,使黄河水面骤然变窄,形成黄河大碛口,船只在此难以通行,因此水运船只在此处卸货改为陆地运输。碛口古镇由此而得名,也成为黄河水运的重要中转站,西北各省的物资经黄河水运至此,再转陆路分发各地。因此,碛口古镇在明清至民国年间成为北方商贸重镇,享有"九曲黄河第一镇"的美誉。

　　碛口古镇保存有大量明清时期的商业建筑,如货栈、票号、当铺等,这些建筑不仅见证了古镇的商贸繁荣,也体现了当时的商业文化。碛口古镇保存有七处基本完好的明清民居建筑群,如西湾村、高家坪、李家山等,这些民居以窑洞为主,展现了黄土高原地区的传统居住形式。碛口古镇的街道顺着卧虎山而建,沿湫水河西去,再逆黄河北上,形成了曲折的街道布局,因而,建筑格局呈现出独特的阶梯式。古镇后街短小但转弯多,商铺所在的街道由青石板铺地,以利人员和车辆通行。街道内建筑密集,两旁店铺林立,各老字号的建筑,尤其是门口,多飞檐斗拱、砖石雕刻,极其精美,展现了古镇的晋商文化内涵,具有较高的艺术价值。店铺之外,古镇内分布有明清风格的四合院,错落有致。位于碛口古镇卧虎山上的黑龙庙,创建于明代,经过清代多次修葺,是古镇的标志性建筑之一,具有重要的文化和宗教意义。

古镇——被重新定义的时光　　111

黄河水浩浩荡荡地东去，如同流逝的岁月一去不复返，碛口古镇虽因现代交通路线的改变而没落下来，不再显现往日的繁华，但无论从建筑的布局还是房屋的结构、外部形象上来看，仍有昔日古渡口的繁华印记。古老的石板路上仍旧是匆匆路过的行人，曾经商铺林立的街道也仍在，身处其中，足以让人感受到当年的繁华。

铜墙铁壁砥洎城

山西省晋城市阳城县润城镇的砥洎城是一座建于明代的古城，属于太行古堡群之一。砥洎城建在沁河环绕的一座小山丘上，三面环水，平面又呈椭圆形。砥洎城的名称来源于其地理位置，因沁河古称洎水，城似中流砥柱，故得名砥洎城。

砥洎城在当地俗称"小城寨"，拥有中国唯一使用炼铁坩埚和砖石修砌的城墙，这是因为当地冶铁业发达，因此城墙在外侧包砌青砖，内侧则采用条石与坩埚混砌，故有"铜墙铁壁"之称。出于军事防御目的而建的城墙高约12米，临水部分高达20余米，上设城垛、炮台等防御设施，具有很强的防御能力。南面为城堡正门，门额有"砥洎城"的刻字，在靠近沁河的北侧，城墙较高，因此随地势分为阶梯式的两层，相互之间有坡道相连，顺城墙设石梯和水门，人们可以经由水门直接上船出行。

城内道路将内部划分为十个街坊区，各城坊区内均为住宅，相互之间由巷道连通，街巷狭窄幽长，四通八达，主要巷口设有巷门，坊与坊之间通过横跨巷道的过街楼连接，形成了相互独立又完善联通的内部防御体系。砥洎城内的民居被住宅巷道分隔为大大小小的院落，城内的民居大多为单进式或二进院，每坊之中院与院连为一体，相互连接，四通八达。院中房屋多为双层，大部分设有楼道。城内民居虽然规模不大，但门额处多有文雅的名称题字，十分雅致，而且院落通过砖雕、石雕、木雕来彰显生活的富足和院主的文化素养，十分有特色。

砥洎城内保留有刻于明崇祯十一年的"山城一览"碑刻，上面刻有砥洎城建筑规

碛口古镇民居 ◀

砥泊古城 ◀

砥洎古城

划平面图，还有详细的注解文字，对城中的建筑、道路分布、每宅占地面积和主要设施进行说明，是研究明代小城镇建筑规划的珍贵资料。

水上凤凰城

山东聊城东昌古城，位于聊城市中心的东昌湖上，此地有京杭大运河流过，因此古城在明清时期是南北漕运通道中的重要一站，是运河沿线繁盛的城市之一。东昌古城平面为方形，总面积大约1平方公里，在北宋始建时是土城，南宋时为加强军事维护而改筑为砖墙，形成"内里三合土，外墙包砖石"的结构。由于城墙临水且为了增强安全性，东昌古城的城墙十分厚重，基部厚度超过11米，城墙向上厚度逐渐缩减，但顶部的宽度也超过6米。城墙上建有垛口、城楼，戒备森严。

东昌古城在东南西北四面都设置有带瓮城的城门，城门上均设置重檐歇山顶的城楼。因四面临水，四面城门均设水门和吊桥，除北门宣武门之外，南门正德门、东门春熙门、西门清远门的瓮城均为扭头门形式，与正门呈一定角度设置，犹如弯曲的翅膀和鸟尾，因此东昌城又有凤凰城的别名。

东昌古城的四门向着四条主路，在城中形成东、西、南、北四条大街，其他建筑沿主路四处延伸，形成了棋盘状的网状街道骨架，各种建筑就填充在棋盘格道路分隔的各区域里。古城内的大部分建筑都是合院式的三合院、四合院式建筑，除了居住建筑之外，古城内行政、文教、商

东昌古城

业、祠庙等建筑类型齐全。古城的中心是光岳楼，建于明洪武七年（1374年），高33米，是中国现存高大、古老的木构楼阁之一，在古时既是瞭望敌情之处，也是日常报时的鼓楼。

东昌古城不仅在建筑上具有独特的魅力，还拥有丰富的文化和历史价值。这里曾是京杭大运河沿岸的重要贸易城市，也是《水浒传》等古典名著中许多经典故事的发生地。如今，东昌古城不仅是聊城的文化象征，也是吸引游客的重要旅游景点。古城独立于湖上，与陆地若即若离，自身高耸的城墙仿佛随时准备好将人拒之门外，这是宋时动荡岁月留存的一段记忆，古城内衙署、院学齐备，自有一方秩序井然的天地庇护着这里的人们，大有"任它城外风暴起，我自城中仍自然"的底气。

高山下的水乡

丽江大研镇，又名大研古城，是丽江古城的核心部分，位于云南省丽江市的西南部。丽江古城的历史可追溯到唐代，大研古城在纳西语中即为"粮食集散地"，可见从很早就已经是各方经济活动交流的中心了。宋代时丽江木氏先祖将这里作为统治中心，开始进行城市建造，最终形成一座没有城墙的古城。

大研镇坐落在丽江坝中部，海拔约为2400米，位于玉龙雪山下，城中水主要来源于城北象山脚下的黑龙潭，泉水从岩石隙缝间涌出，形成近4万平方米的水面。古城内水系以玉泉水为主脉，到玉龙桥处分为东河、中河、西河三条水系，再细分为更多的溪流，走街过巷，穿墙进屋，形成网状水系。以土木结构为主的民居依山傍水而建，建筑之间的街道由当地出产的五花石铺设，形成以水为核心，主街傍水，小巷临渠，诸多木桥、石桥与河水、绿树、古巷、古屋相依的高原水乡景色。

作为历史悠久的古城镇和滇西地区的政治和经济中心，大研镇以四方街为中心，形成密集的商业街区，由于频繁的商业活动，使得这一地区深受中原汉地文化

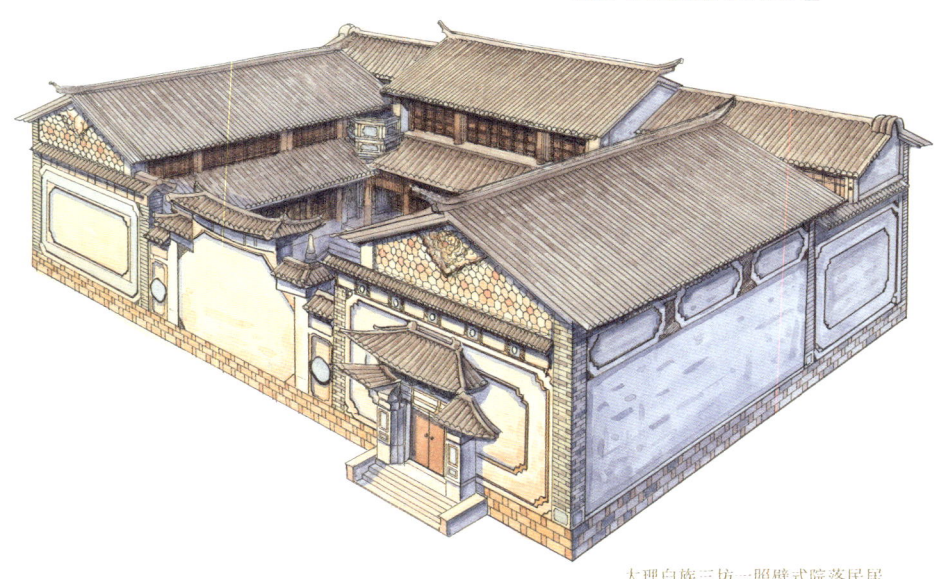

大研古镇：在漫长的发展过程中人口不断聚集，古镇建筑也十分密集

大理白族三坊一照壁式院落民居

的影响,发展出具有中国传统特征和少数民族地区特色的院落式居住形式,以及独特的街市文化。

大研镇虽然属于高原山地气候,受南亚高原风影响,干湿季分明,温度变化不大,但独特的地理位置和丰富的水资源,又使这里具有了水乡的气质,因此具有独特的自然风光和人文建筑景观。当地生活的纳西族、白族等少数民族有尚白的传统,因此也造就了这里的建筑外部多涂白并搭配清新、淡雅的装饰。这里的古城氛围恬淡,虽然自古就是商贸集结之地,却难得保持着朴素、淡雅的风气。

高原纺织乡

杰德秀镇是位于西藏自治区山南市贡嘎县的一个古镇,拥有悠久的历史和丰富的文化遗产,曾是西藏八大古镇之一。杰德秀镇位于雅鲁藏布江中游南岸的谷口,不仅水资源丰富,有丰富的渔业资源,还有大片的草地可供耕种和放牧,牦牛、山

杰德秀镇街巷风光

羊、绵羊等畜牧业历史悠久。发达的畜牧业也使得这里的人们擅长毛纺织,从畜牧业到采收、加工和纺织,各环节的手工艺不仅已经形成了较为完整的生产链,而且代代相传,是出名的"围裙之乡",出产的毛织物有着悠久的远销国外的历史。优越的地理位置和物产,使这里早在14世纪中叶就已成为山南基巧(专署)的第二大贸易市场,与尼泊尔、缅甸等地贸易往来频繁。

杰德秀镇的建筑与布局,不同于其他藏族地区分散式的居住模式,而是反映出其作为边境商贸城的特征,具有深厚的历史和文化底蕴。镇中的鲁康街两旁铺面林立,商品琳琅满目,青石板路面承载着厚重的历史,也见证着漫长岁月更迭中古镇的繁华。

岁月沉淀的时光隧道

市楼和过街楼是城市或乡镇密集建筑中设置的一种具有通行功能的门楼,通常都要高于周围的建筑,具有标志性的形象,也具有实际的使用功能,也是古乡镇中最具有标志性的形象之一。

北京儒福里过街楼

北京最后一座过街楼是儒福里的过街楼，也称观音院过街楼，是北京著名的历史遗迹之一。儒福里过街楼位于北京市西城区官菜园上街，最早横跨于观音院东西两院之间，上可连接两院，下可保证胡同通行，形成了一个独特的建筑结构。过街楼始建于清道光年间，属于徽派建筑风格，面阔三间，上层为悬山顶式建筑，灰筒瓦屋面，有过垄脊，柱间是方格窗。下层砖拱门洞，下肩为条石，向南穿过即是儒福里，门洞上方正中置有石额，北面镌刻"金绳"，南面镌刻"觉岸"，均为清道光十年所刻，据说来自于佛教经典，具有重要的文化象征意义。

儒福里过街楼曾是北京唯一留存下来的过街楼，但因菜市口大街的道路扩建改造，这座具有历史价值的过街楼被拆除。儒福里过街楼此后在海口得到了重建，重建的过街楼基本保持了原貌，甚至连"金绳""觉岸"的匾额都得以复原。

江苏镇江昭关的过街楼，是西津渡古街上的标志性建筑，也是一座具有宗教意味的建筑，它的上部直接建造为喇嘛式石塔，塔上东西门额上刻有"昭关"两字，因此又被称为昭关石塔。昭关石塔始建于元代，从兴之初就是元代喇嘛式的过街塔造型，下部由条石砌筑框架式的石基座，基座底部可供车马通行，其上部建石塔，高约5米。

昭关石塔的结构分为塔座、塔身、塔颈、十三天和塔顶五部分，全部用青石分段雕成。塔座由两个相同的须弥座叠成，上为覆莲圆座和扁鼓形塔身。塔身由宝瓶、伞盖、相轮、四出轩式座基、复钵、基座组成，上面有十三圈带形浮雕，象征十三层天，上置法轮和圆形仰莲小座，轮上刻有"八宝"，其上便是塔顶。这座石塔展现了元代喇嘛塔的样式与装饰特征，同时在此处采用全石建造的塔身上刻有"河清海晏"等字样，还兼具风水塔镇水的功能。

市楼又称为旗楼，多建于集市之中，上面插旗，作为建筑中的制高点，又具有瞭望的功能。作为一种市镇的标志性建筑，市楼在许多古城镇中都有建造，而且多建造于主街尽头或城镇地势最盛处，突兀于一众城镇建筑之上，十分醒目。

平遥古城的市楼是古城唯一楼阁式高层建筑，位于古城中心主街位置，相传原有一口井，井水金色，为维护井口而建亭覆盖，此后在井亭的基础上建楼，因此这座市楼又被称为金井楼。市楼所在的主街，原一日三市，非常热闹，最早于何时建楼已无证可考，但在清代有过多次修建与补建活动，因此现存的市楼为清代遗存。

这座市楼为两层的砖木结构，三重檐歇山顶，高约18米，面宽、进深均为三开间。虽然是清多次修建的产物，但建筑结构与形态却是宋元风格。建筑在楼层底部采用带有半拱的楼座形式，这使得楼阁形成层叠变化的造型，而楼座的结构是宋元时期的典型形象，至明清时期，已经随着木结构的简化而消失了。楼阁顶部采用蓝、黄、绿三色琉璃瓦覆盖，并分别在檐部和梁枋等处设置丰富的木雕刻装饰，整体造型华丽而精美，古典风格十足。

华光楼是阆中古城的标志性建筑，位于四川省阆中市南上华街南端，紧邻嘉陵江岸，正对着南津关的古渡口，每一位江上来客都能看到。华光楼历史悠久，始建于唐代，当时称为"南楼"。经过历代的重建与修缮，现存的华光楼主要是清同治年间所建。华光楼不仅被作为古城镇的标志物而建，还建在古城中最繁华的商业街上，具有观景的实际功能。华光楼底层为过街楼形式，立于5米的石砌台基之上，楼高36米，采用三重檐、歇山式的设计，楼共三层，而且每一层都配有观景回廊，供游人凭栏远眺。华光楼的檐、枋、斜衬上雕刻有飞禽走兽，并施以彩绘，顶覆绿色琉璃筒瓦，屋脊装饰繁复，正脊中的火焰宝球顶高达3米，翼角高翘，其设置应该也有镇水、避火等风水上的考虑。

公共园林
——山高水长入园来

江山风光好,园林盛世多

中国古典园林的类型以园林所属的业主来分,皇家园林为皇帝专用,私家园林为个人所有,宗教祭祀园林是祠庙的附属部分,除此之外,还有一种园林为公共园林,既不是皇家敕建,也不是私人营造,更不是寺观的附属建筑,而是一种对全民开放的公共游览性园林。

根据公共园林所处的位置可分为两种,一种是在城市郊外的自然风光区内适当地加入人文元素,使其更适宜人们游览,感受自然景观之美。通常这类园林规模较大,内容广泛,较为著名的有杭州西湖、扬州瘦西湖、济南大明湖等,也称为景观园林。还有一种园林是在城市之内或近郊,观赏的主题内容往往是具有文化历史价值的名胜古迹,古楼、古亭、古水、古桥等都可以成为这类园林的中心内容,有较高的文化价值,所以访踪寻迹的人很多,人文景观十分丰富,与自然景观相互映衬,如绍兴兰亭、南湖烟雨楼、南昌的滕王阁、上海大观园、北京中山公园,都是其中的代表。

公共园林大多位于一些经济发达、文化繁荣的城市或村落,它是公共空间的一部分,是人们休憩交流的重要场所,随着时间的推移,历史上的很多公共园林发展

成现代的城市公园。

先秦山水

先秦时期的园林,是中国古典园林的早期形态,主要分为皇家园林、诸侯贵族园林和民间园林。这一时期的园林,多依附自然山水而建,强调与自然的和谐统一,体现了古人对自然之美的崇尚和追求。

皇家园林是先秦园林的重要组成部分,多以宏大的规模和丰富的景观为特点。将优美的自然景观区开辟为园林,并在其中建造宫殿、亭台,改造水系,以彰显帝王的权威和地位。诸侯贵族园林规模较小,但同样注重景观的营造,常以山水、花

画像砖中人们在自然园林中渔猎的场景 ▶

西湖十景: 清代画家王原祁奉敕所作的西湖十景图,描绘了杭州西湖十个著名景观,表现了清康熙年间西湖作为风景名胜之地的美景 ▼

木、亭台等元素为主,体现主人的品位和修养。民间园林多以小巧、精致为特点,反映了普通百姓对美好生活的向往和追求。

此时园林设计强调顺应自然,以自然山水景观为主。园林中的山石、水体等元素常具有象征意义,如山代表稳重,水代表智慧,体现了园林主人的文化修养。由于缺乏详细的历史文献记载,关于先秦时期的园林具体情况,我们只能通过考古发掘和一些古代文献的零星记载来了解。

秦汉之囿

秦汉时期的园林主要是皇家园林,其中最著名的是上林苑。上林苑最初由秦朝始建,汉武帝时期进行了大规模扩建,成为汉代皇家园林的代表。

上林苑位于汉都长安郊外,《汉书》中记载此苑周长达两百余里,占地极为广阔,将西安周边流经的渭、泾、沣、涝、潏、滈、浐、灞八条河流纳入其中,体现了皇家园林地域面积的广大。上林苑内保持了大量原貌的自然景观,如冈峦起伏、深林巨木,再加上天然和人工开凿的大小池沼,提供了变化丰富的自然风貌。上林

汉建章宫想象复原图: 汉建章宫位于面积广大的上林苑中,是上林苑中的一座宫城,有独立的围墙,使宫殿融合在自然山水园林之中,但又自成一体。在宫城北部开挖有太液池,并利用挖出的泥土堆砌三座仙山,以象征蓬莱方丈、瀛洲

苑内部又分为三十六处园中园，十二处宫殿，如著名的建章宫即是十二宫之一，还有二十五观。各处园林功能不同，如用于观看赛狗、赛马和观赏鱼鸟的犬台宫、走狗观、走马观、鱼鸟观等。

除了作为皇家游玩、打猎的场所，上林苑还具有政治、军事、经济和文化等多重属性：这里通常建有高台用于瞭望。汉武帝时开凿训练水军的昆明池，同时还具有调节城市供水的功能。上林苑也是诸多文化活动的重要地点，许多文人为之作赋，如司马相如的《上林赋》。上林苑许多土地被开辟为农业与畜牧业经济区，作为皇宫的物资与经济来源。上林苑的建造体现了秦汉时期园林的综合性功能，和以自然山水为主的造园理念，许多造园规则和手法流传下来，成为后世造园所遵守的规则，如园林中筑台登高的手法，以及通过水系划定园林范围的设计。尤其是太液池"一池三山"的布局模式，更是成为仙苑式园林的标准模式，影响了历代园林的造园与布景。上林苑从秦朝始建，经历了汉武帝的扩建，到西汉末年因战乱遭受劫难，其历史反映了当时的社会变迁。

魏晋的流觞之园

魏晋南北朝时期是中国园林数量和类型都开始发展的重要时期，它在园林艺术上呈现出多样化的特点，并对后世园林的发展产生了深远的影响。

园林设计开始注重对自然山水的再现和表现，追求与自然景观的和谐统一。魏晋时期，由于文人雅士对山水的热爱，私家园林开始大量出现，此后成为中国园林中的重要组成部分。佛教和道教的盛行，促进了寺观园林的发展，这些园林通常与宗教建筑相结合，形成了独特的宗教园林文化。除了宗教园林和私家园林，公共园林也开始出现，如兰亭等，成为文人墨客聚会、交流的场所。园林建筑技术提高，开始建造以曲水流觞为代表的人文景观，园林中人为搭配种植观赏植物的做法更为普遍，园林设计更加注重艺术性和审美性。受到文人风气、老庄哲学、佛教文化的影响，园林艺术开始融入更多的文化元素，形成了具有时代特色的园林风格。魏晋时期的私家园林，从诞生之初就以强调意境和情感的表达为起始，追求"诗情画意"的写意境界。皇家园林依然追求规模宏大,建筑华丽,以彰显皇家的权力和地位。

魏晋南北朝时期的园林艺术,不仅在形式上更加多样化,而且在内容上也更加丰富,为隋唐以后中国园林的全盛期奠定了基础。

隋唐的开放之园

在隋唐五代时期,园林得到了显著的发展,成为城市文化的重要组成部分。长安城作为当时的首都,拥有多处公共园林,如乐游园和曲江池。乐游园位于城中,是市民登高游赏的集中地,而曲江池则以水景为主体,定期向公众开放,成为长安

兰亭修禊图:明代画家创作的人物山水画,描绘了王羲之等文人雅士在自然山水间雅集的情景。在自然山水的美景中聚会,是魏晋时期文人中较为流行的聚会方式

八达春游图： 五代后梁画家赵嵒描绘的宫廷贵族在园林中打马球的场景，可见此时园林面积广大，其中有大片水面，水边有人为设置的栏杆、假山作为景观，还有大面积的活动空间可供人们休闲娱乐使用▶

人游玩的名胜。唐代的公共园林不仅供皇家使用，也定时向市民开放，体现了当时社会的开放性和包容性。寺观园林在唐代非常普及，不仅是宗教活动的场所，也兼具公共园林的职能，成为人们日常交往的公共活动场所。

长安城十分讲究园林和绿化的设置，就连街道的绿化也十分出色，两侧有水沟和整齐的行道树，街道被称为紫陌，其中以槐树为主，几乎成为唐长安的城树。唐代的衙署、书院等功能建筑内也多有山池花木点缀，规模较大的则有条件设置独立的小园林，如御史台中书院，体现了文人对自然景观的重视。中国各地以寺观为主体的山岳风景名胜区在唐代陆续形成，寺观作为香客和游客的接待场所，对风景名胜区的格局形成和发展起着决定性作用。

洛阳九洲池想象复原图：由于池苑所在地无高山背景，因此在池苑水畔建高大的楼阁殿宇，通过建筑形态和高度的变化，营造出高低起伏的山水景观效果

公共园林——山高水长入园来

洛阳的九州池是一处始建于隋代的池苑,在唐代得到了扩建,是城内最大的皇家园林,为帝后妃嫔提供了休闲和娱乐的场所,成为当时政治和文化活动的重要场所。九州池位于洛阳宫城的西北部,据考古实测,隋唐时期的九州池水域面积约为13万平方米。园林布局以池为主,采用了"广水无山"的空间模式,在水上拥有多处洲岛,主要建筑包括瑶光殿、琉璃亭、一柱观等精巧的殿亭台阁,这些建筑体现了唐代园林建筑艺术的精华。九州池作为洛阳城中重要的园林一直持续到了宋代,其间,九洲池的面积不断缩小,随着北宋西京政治地位的衰落,皇家的九洲池也随之衰落、废弃。2009年,洛阳市开始对九洲池遗址群进行整体复原。

隋唐园林艺术在造园技巧和手法上有所提高,如假山的堆造和理水的技术,以及植物题材的多样化,促进了园林艺术的发展。

两宋的文人之园

两宋时期的公共园林在政治、经济繁荣的背景下得到了显著的发展。宋代园林强调自然特性,同时又强调简约和艺术性,由于文人参与到造园活动中,因此园林景观无论是自然形象还是人为修造,都追求园林的意境。宋代社会各阶层建造的园林规模不同,风格也不同,比较有特色的是各地方官员都将修造园林纳入日常管

宋代艮岳平面想象图:艮岳位于今河南开封地区,是宋代宫廷山水园林,分为建筑区、山区和池沼区三部分,水系分为两支,穿山绕岭后分别汇入艮岳中的多处水池,各种建筑和植物缘水而设,形成风格自然的园林景观形象◀

理的一部分，这种地方修建的园林称为郡圃。狭义郡圃是指州县衙后堂设置的山池林木，供官吏宴集、待客及游观；广义郡圃还包括官吏建造的山水公共园林。东京（今开封）丰富的水资源，使这里拥有大量公共园林。城内外散布许多池沼，政府出资种植水生植物和沿岸栽植柳树，池畔建置亭桥台榭，形成公共园林。临安（今杭州）的西湖，作为一处特大的开放性的天然山水园林，吸引了社会各界前来造园。环西湖的众多小园林构成园中之园，包括私家、皇家和寺庙园林。

宋代园林艺术的总特点是效法自然而又高于自然，寓情于景，情景交融，形成写意山水园。在造园手法上，注重引注泉流、划分景区和空间，注重植物配置和一年四季的景观变化。宋代诗词、绘画艺术对园林意境的营造产生了深远影响，园林成为文人寄托情怀的重要场所。禅宗和道教的兴盛使寺观园林进一步文人化，与私家园林的界限变得模糊。富裕的农村聚落也有公共园林，譬如浙江楠溪江苍坡村，是迄今发现的唯一一处宋代农村公共园林。其借助自然和人为的设置，使景观具有笔墨纸砚的形态，并以文房四宝的寓意来祈愿村中文人辈出。

辽金区域也有园林，金代皇家园林如大宁宫位于今北京北海、中海一带，玉泉山行宫依附玉泉水修建避暑行宫，这些园林都被后世元、明、清所继承和延续，成为北京皇家园林建设的基础。

两宋时期的园林不仅在艺术上达到了成熟境地，而且在社会功能上也更加多元化，成为人们生活中不可或缺的一部分。同时，此时以《营造法式》为代表的典籍中，已经罗列出造园的一些基本的规则和各组成部分的营造规范，是中国造园理论和实践向规范化和技术化发展的重要标志。

元代气派的皇家园林

元代的公共园林发展呈现出一些独特的趋势。首先是寺观园林的增多。元代佛教和道教受到政府的保护，寺观数量大增，特别是在有宗教历史渊源的郊外和山区，如西山、香山、西湖等地区，寺观园林得到了广泛的发展。其次是元代的皇家园林，其规模宏大，建筑华丽，重视园林景观的布置，使建筑、山水、花木等巧妙

沧浪亭面水轩：南宋时称韩园，元时改为妙隐庵、大云庵，因风景优美，吸引众多文人来此居住

地集于一处，体现了皇家的气派。最后就是元代文人园林注重写意与写实的结合，园林艺术更加注重山水画般的场景，追求意境深远的景观效果，寻求简约生活与高雅文化的结合。

元代的公共园林多利用城市水系或古迹、旧园林的基址、寺观园林等为基础发展而来，是城市居民生活和城市布局结构中的重要组成部分。此时随着经济的发展，城中居民大量增加，因此公共园林也得到了发展，这种社会人口结构的变化和新的需求，也使造园审美向更世俗化的方向发展。元代各地方建筑和城市的发展，促进了园林建筑地方特色的形成，园林的地方特色成为园林艺术发展中的一个重要标志。元代文人广泛参与造园活动，有的成为专业的造园家，对园林的艺术性与文化性的发展和创新做出了重要贡献。元代园林艺术的创作普遍重视技巧，文人积极加入造园的结果是园林更注重意境和画境，对园林中建筑、山石、花木等方面的设置更追求精致与细节，突出文人雅趣。

明代的城市山林

明代的公共园林在城市生活和城市文化发展中都占有重要地位，它们不仅是市民休闲游玩的场所，也是文人雅士交流思想和文化的空间。

明代文人在城中造园，追求"城市山林"的理念，即追求在城市中也要能享受到山林的清静和自由。明代园林的设计强调因地制宜，顺应自然地形进行布局和造景，同时也注重主观设计意识，如借景、对景等手法的运用。文人造园注重对园林基本元素如花木、山石、池水等的精心经营，以创造丰富的景观和意境。明代园林中开始流行以画意造园，将绘画的技法和理念融入园林设计之中，追求园林景观如画的效果。明代文人园林追求"朴"和"雅"的审美趣味，反对奢靡和流俗，强调园林的精神价值和文化内涵。文人阶层广泛参与园林的设计和建造，他们的文化素养和审美理念深刻影响了园林的风格和特点。明代的公共园林不仅供人游玩，还兼具商业、文娱等功能，成为市民生活和公共活动的重要组成部分。园林中的建筑和景观常常与诗文、书法、绘画等艺术形式相结合，体现了文人对园林寄予的深厚文化意涵。

明代的公共园林作为中国古典园林的重要组成部分，不仅反映了当时社会文化的特点，也展现了文人阶层的审美追求和创造力。

东园图局部： 位于南京钟山脚下的东园，是在明代开国大将徐达的私家园林的基础上不断改扩而成的，是当时文人聚会的著名场所。明代文徵明绘制的该幅长卷，展现了东园中各式建筑错落相通，奇石植物陈列其中的景象

清代造园巅峰

清代的公共园林在继承和发扬明代园林艺术的基础上,达到了中国古典园林的顶峰。

清代皇家园林规模宏大,建筑华丽,如北京的圆明园、颐和园等,它们不仅作为皇家的休闲场所,也是展示国力和文化的重要标志。清代佛教和道教的进一步发展,促进了寺观园林的兴盛。这些园林通常与宗教建筑相结合,形成了独特的宗教

圆明园方壶胜境: 作为圆明园中最著名的一处景观区,方壶胜境以建在水面上的九座大殿建筑群为主体建筑,整个建筑群呈"山"字形平面,按照轴线对称设置,内部供奉佛像、佛塔,收藏各种佛教典籍

园林文化。清代的城市公共园林多利用城市水系或古迹、旧园林的基址，或将寺观外部原有自然环境稍加整治，如浙江绍兴的兰亭。城内的公共园林往往结合商业、文娱而发展成为多功能的开放性空间，成为市民生活和城市结构的重要组成部分。

清代文人园林注重写意与写实的结合，园林艺术更加注重诗文的融入，意境深远，追求一种简单生活与高雅文化的结合。清代园林艺术在造园技巧和手法上达到了成熟境地，如假山的堆造和理水的技术，以及植物题材的多样化。清代的公共园林作为中国古典园林的代表，不仅在艺术上达到了高峰，在社会功能上也更加多元化，成为人们生活中不可或缺的一部分。

民国园林之变

民国时期的公共园林建设体现了中国古典园林向现代公共园林的转型。

随着西方公共园林概念的引入，中国开始重视公共园林的建设，古典园林逐渐向公众开放。许多城市如广州、上海等，将公共园林建设作为市政建设的重要组成部分，推动了城市公共园林的发展。民国时期的公共园林不仅是市民休闲娱乐的场所，还承担了文化传播、大众教育等多重功能。在设计上，民国时期的园林开始融入西方的设计理念，出现了一些具有现代特征的园林建筑和布局。民国时期的公共园林建设注意与地方特色的融合，如岭南地区等地方的园林建设，体现了地方特色与现代园林设计理念的结合，还引入了一些西方元素增强园林的趣味。

园林建设的兴起也反映了民国时期社会变革的趋势，公共园林成为新文化运动和公共生活的重要场所。譬如广州的中央公共园林是民国时期公共园林建设的代表，由杨锡宗设计，对广州旧城中轴线的格局生成具有重要影响。民国时期的园林建设与城市发展紧密结合，园林的规划与建设反映了城市规划的新理念。除了大城市，民国时期的园林建设也开始向中小城市扩展，如漳州、惠州、东莞等地，都开始了公共园林的建设。

民国时期的公共园林建设是中国园林发展史上的一个重要阶段，它不仅改善了城市环境，丰富了市民生活，也推动了中国园林艺术的现代化进程。

园即构造，构造即园

公共园林的造园手法多样，造园技巧和原则主要有配景、对景、障景、框景、夹景、漏景、借景、添景、点景等。这些手法在新建的北京大观园、上海大观园中都得到广泛的应用。

配景：通过配景可以衬托主景，使主景更加突出，同时在主景中，配景也成为观赏的对象。

对景：在园林中，通过相互位置的安排，使得在一处景观可以观赏另一处景观，形成视觉上的互动。对景可以是园林内部的景观相对，也可以是与园林外部的自然景观相对。

障景：使用园林中的元素如建筑、植物或假山等部分或全部遮挡景观，创造"一步一景、移步换景"的效果。

框景：利用门框、窗框或自然形成的框架来聚焦特定的景观，形成如画一般的视觉效果。

夹景：通过在景观两侧设置屏障，引导观赏者的视线，突出对景，增加景观的深远感。

漏景：通过漏窗、漏墙等手法，使景观若隐若现，增加景观的含蓄美和神秘感。

借景：将园林外的自然景观或人文景观引入园内，扩大视觉空间，丰富景观层次。

添景：在景观中添加元素，如建筑小品或树木绿化，以形成过渡或增强景观的效果。

嘉兴烟雨楼剖面：位于湖心岛上的烟雨楼成为景观主题，使湖心岛成为水面上的亮点，在楼上可以远眺湖景

点景:通过题咏、匾额、对联等形式,点明景观的特点,增加文化内涵和观赏价值。

另外,在园林设计中要考虑动与静的关系,考虑游人的动线和停留点,考虑流水与景观的设置,通过动静结合,创造出有序变化的空间体验。要师法自然,也就是园林设计追求模仿自然景观的美学原则,使园林景观与自然环境和谐统一。还要注意顺应自然与表现自然,园林中的山水、植物等元素虽然是人为设置的,但设置和组合上不仅要顺应自然规律,还要表现出自然的美感。这些造园手法不仅体现了中国园林的传统美学,也展示了人与自然和谐共处的理念。通过这些手法,公共园林成为城市中的绿色空间,为市民提供了休闲、游憩

退思园:苏州同里退思园,以设计巧妙著称。全园围绕水面设置亭阁楼房,将中国传统山水诗画意境融入园林设计之中,又通过浓密的植物将各种设计巧妙藏于其中,从外部看平平无奇,内部则别有洞天。▲

杭州西溪湿地:自东晋时期开始发展,至唐宋时期发展至鼎盛,以水景串联各种景观,早在宋代就形成了多处知名景观,尤其以梅、竹、芦、花而闻名,呈现出与西湖的广阔所不一样的曲折蜿蜒水面形象▶

的场所，同时也是文化交流和审美体验的平台。

布局

公共园林的布局设计具有一些特点。

公共园林的开放性特点：公共园林通常面向所有市民开放，提供休闲、娱乐、运动、交往和举办公共活动等多功能的绿色空间。公共园林的便利性特点：公共园林的位置应便于市民到达，通常与城市交通网络相结合，方便市民使用。公共园林的多功能性特点：公共园林的设计适应不同年龄和兴趣的市民需求，设置多样的活动空间和设施。公共园林的生态性特点：强调生物多样性和生态平衡，通过植物配置和水体设计，营造健康的生态系统。公共园林的文化性特点：体现地方文化特色，将历史、艺术等元素融入园林设计，提升文化内涵。公共园林的人性化特点：考虑人的行为习惯和心理需求，创造舒适、安全、易于使用的园林空间。

公共园林设计还要注重整体规划，与周边环境协调，形成统一和谐的景观。公共园林的布局具有一定的灵活性，要考虑未来可能的变化和需求，使园林具有一定

的适应性和可持续性。通过造园手法和设计元素的设置，创造美观、有艺术感的园林景观，还要考虑不同季节的景观变化，通过植物的搭配设置，使每个季节性的更替都能有不同的景观变化，给人以四季不同的园林体验。公共园林往往具有独特的设计元素或地标性建筑，像无锡的锡惠公共园林、苏州的虎丘、杭州的西湖等，都有标志性的元素和地标性的建筑，增加了识别度和吸引力。

山水

公共园林的山水是园林景观的重要组成部分，必须借鉴自然景观的美学原则，通过人工手法模拟自然山水，创造出既美观又富有变化和意境的园林空间。

在整体布局上，山水设计需与园林整体布局协调，形成山水与建筑、植被等元素的和谐统一。设计中模仿自然山水组合的形态和特点，如山脉的起伏、水体的流动性等。水是园林的灵魂，设计中注重水系流动性形态的多样性，如湖泊、溪流、喷泉等。除了自然山体之外，公共园林中的山多是通过假山、置石等手法，创造出山峰、岩石、洞穴等山体景观。利用山水的高低起伏，创造出丰富的空间层次和视觉深度。在山水间合理配置植被，增强自然感，同时提供生态功能。设计曲折有致的游览路径，引导游人穿梭于山水之间，体验探索的乐趣。

园林中要设置特定的景观焦点，如亭台楼阁、桥梁等，使之成为视觉的中心，以形成主次分明，主题突出的景观感受。利用园林内外的自然景观或建筑，通过借景手法丰富园林景观，也可以加强远近变化的景观层次感。园林景观设置的文化内涵非常重要，在山水设计中融入地方文化和历史元素，提升园林的文化价值。还要考虑游人的互动体验，如水边平台、登山步道等，为游客提供亲近自然的机会。

"曲水流觞"是中国古代一种独特的饮酒习俗，后来演变成文人墨客的诗酒聚会，具有深厚的文化内涵，而这一活动的举办场所，讲求自然中山水相依，是自然与人文相结合的园林体验活动。这一习俗的起源可以追溯到周代的修禊活动，最初是为了清洁身体、除病消灾。到了魏晋时期，"曲水流觞"被定在每年的三月三日上巳节举行。东晋永和九年（353年），著名书法家王羲之在会稽山阴的兰亭举办了一次盛大的"曲水流觞"聚会,邀请了四十一位文人雅士参加。宾客们沿溪水而坐,将盛满酒的羽觞(古代一种椭圆形酒杯)放在上游,让其顺流而下,酒杯停在谁面前,谁就要取饮并即兴赋诗。这次雅集共创作了三十七首诗歌,王羲之在微醺之际挥毫泼墨,写下了千古流传的《兰亭集序》,被誉为"天下第一行书"。

"曲水流觞"不仅是一种饮酒娱乐方式,更是一种文化活动,体现了古人对诗意生活的向往和追求。它所蕴含的文化精神和审美情趣,对后世产生了深远影响。许多文人如刘禹锡、苏东坡等都曾效仿王羲之,举办过类似的雅集。这种以文人活动而闻名的山水园林景观,既是人们活动的场所,又为人们的活动发挥作用,激发文人雅兴,但并不作为活动的主角,这也是古代园林中对山水设置的最高标准。

趵突泉:位于济南市中心的趵突泉景区名泉众多,是一处以自然泉水景观为主的公共园林。历代名人墨客来此地创作诗文,又形成了悠久丰富的文化传统,成为自然与人文俱佳的风景胜地

公共园林——山高水长入园来

曲径通幽处，廊亭飞檐起

楼阁

楼，在《说文解字》中的解释为"重屋"，也就是纵向叠加的房屋。楼在中国古代应属于多层建筑。阁是中国传统楼房的一种，《礼记·内则》郑玄注："阁，以板为之，庋食物也。"可见阁最初是上部用于储藏食物，下部架空的高层建筑，后来阁的作用不止储藏食物，还兼收藏图书、器物等。汉代有天禄阁、麒麟阁均作藏书之用。到了清代，分布于大江南北的七大藏书阁，阁的藏书功能已被世人所知。楼与阁在形制上两者并没有明显的区分，人们也时常将"楼阁"两字连用，慢慢两者逐渐合而为一，用以指代供人起居使用的多层房屋。

园林中的楼阁多建在山麓水际，以壮其观。计成《园冶》中有："楼阁之基，依次序定在厅堂之后，何不立半山半水之间？有二层、三层之说，下望上是楼，山半拟为平屋，更上一层，可穷千里目也。"

这里很明确地点出了园林中楼阁的位置、大体形制及设置阁的目的。根据楼阁的位置，可大体分为山地楼阁和临水楼阁两种。

山地楼阁，楼阁建于山脚、山麓、山腰或山顶，主要是为了借助山势地形，成为构筑环境所在地的景观重心，加强天际线的变化。

阁的形制体量根据山形山势而定。一般来讲，山体高大，山顶面积开阔的山，适宜建阁。雍容大度的阁更能提升山势的雄伟壮观。反之山体体量较小，峰峦陡峭的山上建筑体量庞大的阁，往往会出现头重脚轻的不协调感。这种情况更适合建塔，以其竖向造型增加山体景观的气势。还有一种情况，与山地的植被有关。山高林密者不宜建阁，宜建塔；以草本植物覆盖山面者宜建阁。

秦汉时期，帝王受封建神术思想影响，相信长生不老，认为仙人多居住在高处

曲水流觞：自东晋以来，曲水流觞雅集千古留名，为历代文人所推崇，也使优美的山水园林与文人紧密联系到一起，成为文化活动的重要场所 ◀

的仙宫。如果把帝王的宫殿楼阁建得高高的,就能遇到仙人。因此,中国早期苑囿建筑多为重楼高阁,建筑气势宏阔,规模巨大,营造"仙山楼阁"的景象,建高阁以祈遇仙的意图大概就是山地建阁的思想根源。

临水楼阁,临水建造楼阁要与水面取得协调统一的效果,建筑造型多开敞明朗,以便统摄水景,能使池中产生建筑的倒影,形成"秋水共长天一色"的美景。嘉兴南湖烟雨楼三面环水,屹立湖畔,登楼可四望湖景,一碧千顷。特别是山雨湖烟之迹,水天一色,景物迷蒙,如名家笔下的烟雨图卷。

贵阳甲秀楼: 建于明万历年间,以南明河上一块巨石为基础修建成三层楼宇,通过一侧的石拱桥与陆地连接,四面临水

烟台蓬莱阁：中国神话传说中仙人居住之地有蓬莱、方丈、瀛洲三座仙山，在《汉书》等历史典籍中也有记叙，因此形成了中国皇家园林在水池中建"三山"的传统，各地临水优势之地也多建蓬莱阁以比拟仙境

亭子

《园冶》中说："亭者，停也。所以停憩游行也。"可见亭在园林中是供游人休息观景的建筑。亭，是园林中最常见的建筑形式，它体量较小，构造简单，一般为四面开敞，或有墙无门四面开敞的小型建筑，用以驻足观景、停憩休息。清人许承祖在《泳曲院风荷》一诗中说"绿盖红妆锦绣乡，虚亭面面纳湖光"写出了亭虚空的特点。而亭的妙处，就在于"虚"，在于"空"。

亭的建造材料有木材、石料、砖、草、竹等，还有极少数其他材质的，如颐和园宝云阁铜亭。中国古典建筑大都为木质结构，亭子也以木材料建筑居多。木亭黛瓦顶和琉璃瓦顶最为常见。黛瓦顶木亭是中国古典建筑的主要形象，遍及南北各地

南京燕子矶： 燕子矶是观音山一脉，突出于长江岸边，石壁陡峭，在矶顶树立御碑亭，亭内设乾隆皇帝所写"燕子矶"三字的石碑，成为矶上的独景，因地势高且孤立于江面之上，因此气势十足

大小园林，或庄重质朴，或典雅俊逸。琉璃瓦多在皇家苑囿或寺观园林的亭子中使用，色彩鲜艳、华丽辉煌。

代表性的石亭多模仿木结构造法，以石料雕琢成相应的木构架形象。明清石亭的材质特性逐渐突出，构造上相对简化，出檐较短，形成质朴、淳厚、粗犷的风格。

砖亭是采用拱券和叠涩技术建造的小亭，砖亭出现得较晚一些，因为叠砖砌筑是建筑技术发展到一定水平才能实现的。砖亭既有木结构的细腻，也有石结构的粗犷、厚重，也不乏砖结构的特色，北海团城上的玉瓮亭就是全部由砖砌造的。

以竹、草覆顶的小亭，如避暑山庄的采菱渡和杜甫草堂的少陵碑亭，圆形的亭顶上覆盖厚厚的茅草，风格清雅，极富山林野趣。

园林中亭的造型极为丰富，按平面形状分有三角亭、四角亭、五角亭、六角亭、八角亭、六柱圆亭、八柱圆亭、扇面亭、卷书亭、双环亭，以及由两种或两种以上几何图形组成的各种异形亭。采用什么样的平面形式，应因景因地而定，才能对园林景观起到画龙点睛的作用。亭的屋顶形式最常见的是攒尖顶，轻巧灵动，很适合作为小型建筑的点缀。歇山、卷棚及两者相结合的卷棚歇山在园林中也能见到。而讲究气势的皇家园林，也有用重檐屋顶的。长沙岳麓山爱晚亭就是一座四方形平面的重檐亭子。

园林中的亭已逐步脱离最初亭的用途，其观赏性和点景的作用日益突出，往往包含着深刻的文化审美内容。

位于浙江绍兴会稽山下的兰亭正是如此。兰亭最初是村头的一个小小的驿亭，只因有了东晋王羲之等人在此举办曲水流觞盛会，以及在此创作《兰亭集序》而名扬四海。千百年来，多少文人墨客书法名家慕名而来寻踪访迹，为兰亭增添了无尽的文化气息，使其成为一处文墨、典故、景致珠联

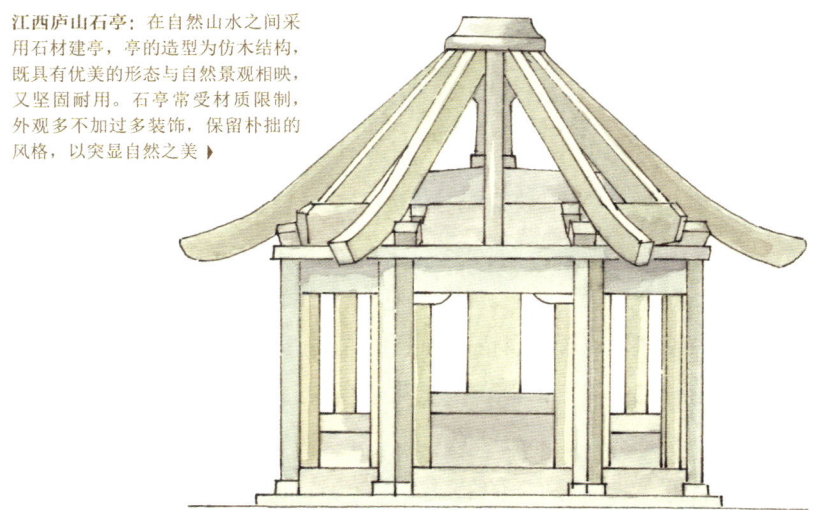

江西庐山石亭：在自然山水之间采用石材建亭，亭的造型为仿木结构，既具有优美的形态与自然景观相映，又坚固耐用。石亭常受材质限制，外观多不加过多装饰，保留朴拙的风格，以突显自然之美 ▶

方胜亭：两个斜方形一部分重叠在一起而成的不规则图形称为方胜，方胜亭是异形平面亭中的一种，设置在园林中，外观显得独特而美观，内部也可提供较大的空间供使用

璧合的名胜古迹。兰亭建筑的审美价值完全融合在那浓浓的与书法艺术相联系的文脉典故中，经久不衰。

园林中的亭实际上使用功能性并不强，更多的是通过自身独特的形象作为一种景观或点景的标记存在，也是通过这种实用建筑本身所不具有的、外在的、抽象的形象，把建筑的美与文化艺术相结合，创造出如诗一般的情韵和如画般的意境，从而使游人得到一种综合性的文化艺术享受，也是亭所特有的文化内涵。

桥梁

园林空间迂回曲折，有着往复不尽的空间组织，众多小空间既彼此独立，又能与其他空间相连通，这完全得益于园林内起到连接、贯通作用的建筑，如桥、廊等。

中国古典园林以自然山水为蓝本，水景是园林中的重要景观。与水面结合最紧密的建筑非桥莫属。桥是架空的道路，其最初的目的就是为了解决跨水或跨谷的交通。《说文解字》对桥的注释为："梁之字，用木跨水，今之桥也。"可见作为跨水的通道是人们对桥最早的理解。

园林中常用桥划分水面，以丰富水面景观层次。园林中的桥，比较常见的有拱桥、平桥、廊桥、亭桥等形式。桥多跨水而建，连接河岸交通，增加水面景观。建在水面上，只是确定了桥的大体位置，至于把桥建在河中央还是河源其他地方则要结合周围环境，考虑园林组景的需要。如颐和园昆明湖面上的十七孔桥，东连廓如亭，西接南湖岛，形成亭、桥、岛相连的水面景致，作为昆明湖对岸万寿山上佛香阁的对景。拙政园东部在突出的亭与转角处设一曲桥，既沟通了两岸景观，又节省了造桥的材料。杭州西湖三潭印月岛南北均用曲桥相连，是桥与堤的结合，桥上建亭，展现了桥与亭的组合特点。

拱桥，即桥身呈拱状的桥梁，拱桥有单拱、双拱和多拱之分。这种桥因有着良好的承重结构和优美的弧线造型而成为园林中经常采用的桥形。拱桥是园林中形式最优美的桥，圆润平滑的曲线显得动感十足，与碧波荡漾的湖水共同勾勒出玉虹卧波的美丽画面。单拱桥一般体量较小，多拱桥体量较大，采用拱桥形式的水域多是利用拱形结构特征，以便在桥拱下通行船只，因此拱桥在园林各类桥中是坡度最大的，为了保证行人的安全，通常都会在桥体的两边加设栏杆。

平桥

平桥,简单说就是桥面与水面相平行的桥。根据桥的形状又有直桥和曲桥之分。

直桥造型简洁,结构简单,一般跨度较小,桥身较低,可不设栏杆,人行桥上可俯身戏水,与水面产生一种亲切感。

曲桥是相对于直桥而言,又称折桥,是园林中特有的桥式。把桥做成折角的形式,拉长了桥的总体长度,使游人可以有更多的时间和空间观赏景物,达到延长风景线,扩大景观画面的效果。桥的波折变化因水面环境而异,少则一折,多则九折,左右顾盼,蜿蜒于水面,点缀着园林风景,又以其曲折玲珑的造型成为园林中的独特风景。在庭院不大的水面上设置或长或短,或有栏或无栏,或木或石的多曲小桥,桥身多压低,只略高水面,人行其上如同在水上漫步。游人行走其上,随着桥体的转折而变换不同的角度和方向来欣赏园景。

园林还有一种曲桥,不作折角而是同游廊一样自然弯曲,形制同样可爱。如山东潍坊十笏园内连接四照亭的一段曲桥,从池岸伸出通向四照亭的东北部,桥弯成近乎半圆形,下有半圆的桥洞与桥身相映,柔和的曲桥与方正的四照亭形成强烈反差,本身就形成动感的对景效果。

廊桥是廊和桥结合产生的一种桥的形式。在一些偏远山区,往往在桥上加廊建屋,甚至在其中摆铺设店,不仅可以让行人休憩,还可以提供多种商业服务。园林中的廊桥要根据所处区域景观情况和所需的功能而建,因为它不仅是连通景观的通道,其本身独特的造型,在园林中就是一种别致的景观。

平桥:汉代画像砖中的梁式平桥,展现了车马过桥的景象,也说明了平桥对于沟通水面两岸交通的重要性 ▶

上饶望仙谷拱桥:山水之间设置的大跨度拱桥,犹如飞虹一般凌驾于水上,自然形成一处绝妙的景观 ◀

亭桥是指桥两端建亭，或在桥的中央有小亭的桥。其特点是立面形式丰富，既有亭的功能，又发挥了桥的作用。一般跨度较长的桥会在上面建亭。五亭桥是扬州瘦西湖的标志性建筑，融合了江南的秀丽与北方的雄伟，体现了扬州的地域文化特征——南北兼容。五亭桥的建筑结构十分独特，桥身平面呈"工"字形，南北两引桥下各为半拱，桥墩列四翼，各有三拱，正侧共十五个桥洞。桥上建有五个亭子，亭子之间以短廊相连，形成了完整的屋面。桥的每个细节都经过精心设计，如黄瓦朱柱、白色栏杆、彩绘藻井等，展现出极高的艺术价值。

廊子

廊子是园林中用于连接景点的建筑，又是风景的"导游"，可以划分空间，增加风景深度。它的布置往往随形而弯，依势而曲，蜿蜒逶迤，富于变化。廊子按形式分，有直廊、曲廊、复廊等，按位置分有回廊、水廊、爬山廊等。

廊的造型是以轻巧精致为佳，忌开间过大或太高。通常净宽是 1.2 米至 1.5 米，柱的间距是 3 米左右。它的立面以开敞式结构居多，也有的墙上设漏窗或空窗。廊上部覆瓦或砖板，下部用水磨砖做成空格，有的廊下砌以矮墙或设栏杆，可供游人休息。沿墙的走廊屋顶采用单坡式，厅堂与其周围的回廊屋顶汇为一体，加大了建

潍坊十笏园曲桥

扬州瘦西湖五亭桥

筑的内部空间，使主体建筑更有气势。空廊相对独立，两侧都是开敞的，人行其间可以观赏到两侧的景色，这种廊的屋顶是双面坡形。

园林中的建筑讲究观赏性，作为避免日晒雨淋而设的供人活动的空间，也作为建筑之间的联系物，廊的应用还遍及宫殿、庙宇、住宅。廊在园林中按形式可分为四种基本类型：直廊、曲廊、波形廊、复廊。

复道双层走廊，就是在双面回廊中间夹一道墙，又称为内外廊，起到连接和道路分流的作用。墙上开漏窗，用以沟通两侧，每开间都设有一个窗洞，形式不一，有折扇形、梅花形、海棠形、花瓶形等。透过这些精致小巧的窗洞，可以很方便地欣赏到回廊两侧的景物。济南趵突泉泉池周围有泺源堂、观澜亭、望鹤亭等古建筑，全部用长廊相连。

水廊，横跨水面上的廊叫作水廊。它能使水面空间半通半隔，增加水源的深度和使水面变得更为开阔。

爬山廊，是指建于地势起伏的山坡上的廊。为求得天然野趣，园林常常选择建在地形有起伏变化的地方，同时强调建筑顺应自然地势，与周围环境相协调，而建筑的布局在高低错落的组群之间，通过爬山廊的设置实现连贯性、统一性和完整性。爬山廊不仅可以把山坡上下的建筑物联系起来，而且廊子高低起伏的造型，十分突出，可以起到丰富园林景观的作用。按廊的屋顶与基座形式，可分为斜坡式爬山廊和阶梯式爬山廊。前者位于山的斜坡，沿斜坡建造，各间的木构件与斜坡地面完全平行。阶梯式爬山廊又可称为跌落廊，从高处分阶段层层降低，是一种富有节奏感的变化形式，如北海濠濮间组群建筑，从池中的水榭一直延伸到山顶。常家庄园中的静园，集南北风格于一体，园内楼台阁榭，由爬山廊连接，园林景色也十分美丽。爬山廊在这里营造的不仅是布局上的统一，也形成了曲折有致的平面形式。

各种不同的廊，迤逦曲折，其本身就成为园林中的小景，它为人们提供了不同方位和不同角度的观景之处，使同一景色由于角度的不同而得到不同的观赏效果。

寄畅园秉礼堂回廊：几乎环绕整个庭院的回廊将院中各处连接在一起，通过不同处的开口与各不同功能空间相接，由此形成主、辅分明的人员动线通道

爬山廊示意图：爬山廊的特点是随地势起伏高低变化，独特的造型在园林中自成一景▲

卢沟晓月御碑亭：立于卢沟桥头的御碑，正面是乾隆题写的"卢沟晓月"四字，背面刻有乾隆书卢沟桥诗句，原建有碑亭，现只存碑亭底部石雕的盘龙柱和仿木构梁枋结构▲

石碑

秦代用以记功德的碑统称为刻石，而汉代以后置于寺庙、陵墓、宫殿、园林中表述功德的石刻才称为碑。园林中最常见的是御碑，即由皇帝手书的石碑。御碑被视为一种荣誉，因此多建御碑亭，用以保护石碑，如扬州大明寺西园在水池东岸南北并列有两座康熙和乾隆分别手书的石碑的御碑亭。

一座完整的石碑通常由碑座、碑身、碑额三部分组成，其中碑身占了整体的很大比例，上面雕刻文字，并有确切的纪年，是研究建筑的重要文字资料。碑额和碑座两部分是雕饰的重点。碑座做成须弥座或龟头的形式，碑额多以龙纹装饰，精雕细刻。杭州孔庙碑林珍藏着

公共园林——山高水长入园来

自唐至民国的500多方碑刻，这些碑刻，涵盖儒学、宗教、史实等类目，其中不乏一些宋元时期的珍贵碑刻，是一处以碑刻为主形成的公共园林，以浓厚的文化底蕴为主要特色。

密叶枝枝绿，飞花片片轻

宋代郭熙在论述山水画创作的专著《林泉高致》中记载："山以水为血脉，以草木为毛发，以烟云为神采。故山得水而活，得草木而华，得烟云而秀媚"。中国园林中花木等植物的布置也遵循这一画论规则。《说文解字》中对园的解释为"所以树果也"，意思是种植蔬菜、花果和树木的地方，可见花木在园林中的作用不仅仅是对建筑、山水的点缀美化，更是园林的主要构成元素，是园林清新、雅致空间形象的创造者，对园林美的形成有不可替代的重要意义。

中国文人喜欢托"物"言志，借助自然界中存在的事物抒发性情。所抒之情并不统一，因人的心境不同而变化，所借之物种类繁多，人们根据各物种的形态、色彩、来由等特性，逐渐形成了一些有特定内涵指向的象征意义，如岩石代表坚韧、大海代表开阔等。如果说，花木的文化寓意是一种主观表象，那么由花木自身的色彩、姿态、香味等所引发的诗情画意也是这样由人所赋予的，因各地气候和花木的生长特性不同，因此花木的象征意义富有时代特征和地域特征。

植物的色彩缤纷绚烂，并有着纯净的美感。花木的色彩自然而真实，往往最能打动人心。如初春新柳历来都是古人吟诵的对象，"碧玉妆成一树高，万条垂下绿丝绦，不知细叶谁裁出，二月春风似剪刀。"将春日垂柳的秀色照人、轻盈袅娜描绘得极为生动。

具区林屋图：元代画家王蒙创作的一幅设色山水画，描绘了江苏太湖林屋洞的秋日景观 ▶

园林中为了突出花木的诗情画意还常常特意安排一些设置,诸如框景、漏景等都是运用建筑门窗、柱廊的孔洞当作画框对花木进行取景,强化其效果。

园林花木的品种与类型

在园林中以观赏性植物居多,在这里,我们粗略地将园林花木归为以下类型:

观花类,以植物的花朵为主要观赏对象,如梅花、菊花、桃花、桂花、山茶花、迎春花、海棠花、牡丹、芍药、丁香花、杜鹃花等,这些植物大多有美丽的色彩、优雅的姿态、袭人的芳香。观花类适宜成片种植,以形成园中特定的观赏区,常植于厅前堂后的空地上供人观赏。扬州瘦西湖玲珑花界专设花圃种植芍药,每年仲春时节花朵竞相开放,把瘦西湖的春天装扮得分外妖娆,成为瘦西湖独特的景观之一。

观叶类,以植物的叶形、叶态、叶姿为观赏对象,如黄杨、棕榈、枫、柳、芭蕉等。芭蕉茎修叶大,叶片呈长圆形,长达3米,顶部钝圆,基部圆形,叶形不对称,叶脉粗大明显,色泽青翠如洗,多植于窗前墙角。每有细雨披落,可于窗前檐

苏州狮子园入胜门:圆形的门洞引导人的参观视线,通过框景展现如画的园林风景

园林中的花树:园林中的花卉设置要特别注意花期的安排,以及花卉色彩与园林景观的搭配,或协调一致,或对比明显,都能取得较好的景观效果

漏窗外的芭蕉:芭蕉通常被种植在窗下,因为雨打芭蕉叶会带来听觉和视觉上的双重感受,这被文人推崇为园林中的一项雅事

下聆听雨打芭蕉的美妙旋律。受气候限制,芭蕉多植于江南园林中,是南方园林中具有诗画气质的植物景观。柳树生命力极强,南北园林都可栽植,尤其适宜水边。

观果类,以植物果实为观赏对象。在时令上也与观叶类植物相交错。园林中常见的观果类植物有枇杷、橘子、无花果、南天竹、石榴等。灼灼绽放的花朵展现出生命横溢之美,而嘉实累累则让人感觉到生命的充实。植物的果实,不仅可观、可嗅,也可以品尝,真正做到了"色、香、味"俱全。

荫木类,即生长繁茂有浓荫的植物,如梧桐、香樟、合欢、皂荚、枫杨、槐树等。有时园林为营造清幽静谧的空间氛围常借助些枝繁叶茂的树木。这类树木的基本特征是树干高大粗壮,枝叶繁茂,巨大的树冠可以遮出成片的浓荫。如嘉兴烟雨楼月台前的两棵银杏树,树体虬枝苍干,伟岸挺拔,一年四季都有景可赏,据说这两棵古杏树已有四百多年的历史,成为烟雨楼几百年沧桑风雨的历史见证。

松针类,如马尾松、白皮松、罗汉松、黑松等。松树,常绿或落叶乔木,少数为灌木。因生长期长,尤其受到寺观园林的青睐。

藤蔓类,如紫藤、蔷薇、金银花、爬山虎、常春藤等。藤蔓类基本上是攀缘植物,必须有所依附,或缘墙或衣山,形成一种牵牵连连的纠缠之美。

竹类,如青竹、紫竹、斑竹、罗汉竹、观音竹、金镶玉竹等。中国古人向来喜欢竹,它干直而中空,比喻为人秉性正直,品性谦虚;竹节毕露,竹梢拔高,比喻高风亮节。这些都是古人崇尚的品质,与文人士大夫的审美趣味、伦理道德意识契合。魏晋时期,有因竹而盟的竹林七贤。北宋苏轼在《于潜僧绿筠轩》中写道:"可使食无肉,不可居无竹。无肉令人瘦,无竹令人俗。"

水生植物,如莲、荷、芦苇等。池中种植莲荷是中国古典园林的传统,无论南北,常把位于园林中心的水池称为荷花池。荷花出淤泥而不染,花洁叶圆,清雅脱俗,与水淡远的气质相通相宜,是与水配景的最佳植物。

中国城镇公共园林中的植物多以自然生长的形态出现,但具体栽植时则需要统筹规划,使园林花木能与建筑、山水统一在园林整体空间内,取得和谐的景观效果。

苏州拥翠山庄：这座山庄建在山地上，并依地势高差的变化自然形成错落的建筑变化，园内通过高大的树木与周围山地融为一体，在景观视觉效果上扩大了园区的观感 ◀

　　孤植，即在某个确定的范围内单独种植。孤植对花木的要求较高，不仅要有明显的特征，如挺拔、端庄、繁茂，足以吸引游人的视线，还要有宜人的线条轮廓或美丽的花朵。适合孤植的花木有很多种，以各类松树为最佳，另外槐树、木棉、榕树、多种大型的垂柳等都是理想的树种。

　　丛植，三株或三株以上的树木组合在一起的种植方法称为丛植。树种的搭配自由、选择的范围较宽，同种、不同种的树木都可。如针叶树与阔叶树、乔木与灌木、常绿树与落叶树等。丛植对单株植物要求不像孤植那样高，相互搭配时彼此互补就可达到衬托的目的。单一树种的丛植，因考虑到开花、落叶的时节相同，缺少

苏州虎丘全景： 虎丘所在地为西山余脉，园内古树参天，茂密的林景与远处的西山遥相呼应，突出山地幽深的特征

公共园林——山高水长入园来

变化，艺术效果也比较简单，故丛植常选用不同形态、树龄的单体进行组合搭配。

群植，是指大面积种植同一种或几种树木。群植的方法在中大型园林中用得较多。其特点是大片的花木集中在同一区域内，树冠起伏划出的天际轮廓线也随之变化，形成茫茫林海的壮观景象。群植树木形成的绿化带对园林小气候在防风抗沙、净化空气等方面作用较突出，在夏季还可为游人提供乘凉的树荫，也可作为园内不协调部分的遮挡。

美景如画里，对月吟清风

城镇公共园林在其发展过程中不断融入一些社会因素，诸如经济、文化、政治等方面的因素都会给园林艺术的发展带来影响，这些外在因素与园林艺术本身的

欧波亭图：元代画家赵孟頫所描绘的文人理想园林中，以松树和竹子植物为主，在现实中的园林中，这两种植物也因为美好的寓意而被广泛种植

内在特性相结合，就形成了不同的造园思想，并影响园林的设计、造型、形态等方面，经过长期的历史积淀，通过园林反映出的社会心理、传统价值观念、哲学意识、伦理道德、文化心态、审美情趣等，也就形成了一个完整的体系，这个体系历代传承，并且不断被总结，形成了园林文化。园林与文学的关系是园林文化的主要构成形式，从来没有一种建筑形式像中国古典园林一样能把文学、书法、绘画等艺术形式融合得如此生动自然，浑然一体。

园林与古代诗词

诗词与园林的关系，重在诗词赋予了园林景观一定的感情色彩。园林是大量古典诗词的诞生之地，文学家、高人、雅士徜徉园中，常被优美的景观激发创作灵感，游于景观不断变化的园林中，也犹如徜徉于古代诗文中，给人以无尽的回味。园林中多设楹联、匾额，有些大型园林中还留有历代文人的游园题记和有感而发的诗句，这些诗词不仅起到点景、标示的作用，还能提升游赏的趣味，增添了园林的文学气息。

园林楹联其实是由山水风景诗发展而来，有的是直接引用古人的诗赋名句，有的是集不同诗人的诗句于一联，称集句联。两联对仗工整，平仄声韵也很相对，配合得天衣无缝。

一副好的楹联不仅读来琅琅上口，文辞优美，还要有美好的寓意，因此很多楹联本身已成为园林中重要的景观。昆明滇池岸边大观楼门前有一副著名的长联：

上联是：五百里滇池，奔来眼底。披襟岸帻，喜芒茫空阔无边。看东骧神骏，西翥灵仪，北走蜿蜒，南翔缟素；高人韵士，何妨选胜登临。趁蟹屿螺洲，梳裹就风鬟雾鬓。更苹天苇地，点缀些翠羽丹霞；莫辜负：四围香稻，万顷晴沙，九夏芙蓉，三春杨柳。

下联是：数千年往事，注到心头。把酒凌虚，叹滚滚英雄谁在？想汉习楼船，唐标铁柱，宋挥玉斧，元跨革囊。伟烈丰功，费尽移山心力，尽珠帘画栋，卷不及暮雨朝云；便断碣残碑，都付与苍烟落照。只赢得几杵疏钟，半江渔火，两行秋

网师园殿春簃明间后檐：园林中的对联内容用以点景，对联本身在园林建筑中也是一种装饰

雁，一枕清霜。

　　这副对联产生于清乾隆年间，作者是当地名士孙髯。全联共一百八十个字，成为中国第一长联。上联用简洁凝练的语言描绘出滇池诗画般的风景，下联又以凄婉悲凉的笔触，道出仕途没落、忧国忧民的心情。长联问世后，使大观楼声名远播，为大观楼增添了无限意境，是大观楼著名的文化景点。

　　园林中与古典诗词密切相关的除楹联以外，还有各种匾额。匾上的题刻文辞典雅，寓意深刻，有的是点景，有的寓意，有的陶冶情操，有的烘托景象。匾额上的字体或为苍古遒劲的隶篆，或为笔走龙蛇的行草，雕刻技法再根据不同的字体以阳刻或阴刻方式表现不同的艺术效果，小小的一方门匾就集合了雕刻、书法、文学等多种形式，深化了园林空间和艺术氛围。

园林与文学典故

园林中的景观虽是强调自然之趣,但都是经过造园者有意识、有规划地精心设计而成,并根据理想中的构图加以命名,这些景名或是有着美好的寓意,或是有着深厚的文化内涵,大部分都脱离不了中国古典文学。

杭州西湖有西湖十景:苏堤春晓、三潭印月、花港观鱼,平湖秋月、雷峰夕照、南屏晚钟、柳浪闻莺、双峰插云、断桥残雪、曲院风荷。其中,曲院风荷池中种植菱荷,夏季绿萍浮水,清香阵阵;秋季秋菊荷花开放,清风徐徐,醉人的花香掺杂着湖中水草淡淡的香气扑鼻而入,让人倍觉神清气爽,有一种超然物外的缥缈感。

有些景观意境在园林一再重复,成为园中最具文化传统、最有人气的景点。如与东晋书法名家王羲之紧紧相关的曲水流觞;反映庄周超然淡泊理想人格的濠濮间想;歌咏士人大夫看破红尘,脱离尘世扰

三潭印月:宋代画家叶肖严绘制西湖十景之一,由此可见这一景观悠久的历史 ▶

攘的沧浪之歌等都是园林中千年来经久不衰的传统景观。它们正是通过客观的物象（山水、建筑等园林要素）将抽象的文化因素烘托出来，从而营造出一种带有浓浓文化气息的园林氛围。

园林与古代绘画

如果说，文学的加入是对园林的一种补充和修饰，那么绘画，特别是山水画，则是决定园林发展的一个重要因素。中国古典园林的发展从秦汉的初始阶段，就与山水画境紧密相关。宋代时，山水诗、山水画、山水园林互相渗透的密切关系已完全确立。中国古典园林艺术明显地带有理想的中国画作品中"可望、可行、可游、可居"的艺术特点，最终使得中国古典园林发展成为集观赏、游乐、休息、居住等多种功能于一体的室外场所。中国古典园林与中国传统绘画的关系可以从以下方面得以体现：

构图，中国画章法对园林布局的影响最突出的体现在于总体与局部的处理，如南宋马远、夏圭的边角构图法，就是在画面镶边构图，把要表现的主题画在边缘，而不同于西方绘画将主题放在画面的中心。主次关系上，西方绘画次要角色总是对主要角色呈环拱之势，突出其重要形象和构图精神。中国画与之有所不同，如果单

浒溪草堂图：文徵明描绘明代文人沈天民的浒溪草堂，以自然山水占据画面主体，表现了文人理想中的园林风光

从角色在画面中的位置分析，并不能确定要素之间的主从关系，这还涉及中国绘画中的气韵。园林的布局，尤其是苏州园林往往在园林的中心布置水池以留出大片的空白，池周构置建筑，尽量把园林的中心向四周扩散，这是受中国山水画构图的最直观影响。在园林的整体布局中，将整个地域作为一张空白的画纸，按照山水画的构图特征来进行布局，以水面作为园林中的留白。

疏密，绘画是以线条组合来表现物象的。园林中建筑的立面、平面、内外檐装修等都是以线条的形式表现出来的。大片的墙面表现的是大疏，门窗、梁架、栏杆、挂落又极为密致。园林植物可疏可密，属于中性因素，在中国画中被称为灰色空间，介于疏与密之间。园林中的建筑、植物在设置上，也讲究疏密关系对比的画面感。

色彩，中国绘画以墨为基调，也就是所谓的墨分五彩，没有光影的对比与衬托，不像西方油画注意运用色彩的冷暖关系调和明暗、虚实的对比。苏州园林即把中国画中的色论融入园林营造中，创造出如山水泼墨般浓淡相宜的画面。而皇家园林则以青绿山水为摹本，大胆灵活地运用绚烂、艳丽的红色、绿色、黄色等明快的色调，构筑出绚丽而不俗气的色彩。

节奏与韵律，当一个空间被分隔，就会出现一定的节奏和韵律。中国古典园林的空间处处都在创造着跌宕起伏、抑扬顿挫，如同各种曲调悠扬的旋律，虽然节奏不同，却同样具有韵律之美。高大的树木宛如高音，宽阔的水面宛如低音，曲折的回廊将园林的曲调变得更加婉转，流动的溪水和错落的建筑使这首绿之歌更加流畅，转角处盛开的花朵则为这首乐曲增加优美的和弦。

园林在景观的布置上常常应用到各种造园手法，叠山、造石、设水，并搭配合适的植物和亭、桥、廊等一众建筑小品，各种精心的设置之后，追求的却是无人工雕琢痕迹的自然之美。这种源于自然而超脱于自然的园林造景特征，是其他国家和地区园林建造中不曾有的。这是以中国画为摹本，以中国文人审美趣味为主导所形成的中国园林审美特征。

绍兴东湖：即使是自然景观园林中，对于植物、建筑疏密的设置也是十分必要的，在以中国文人山水画为造景蓝本的原则之下，各个时代人们对于园林的审美标准得以相对统一。

燕子楼佳人

燕子楼是徐州五大名楼之一，始建于唐代，是宋式仿木结构的两层建筑，上下有回廊环绕，双层飞檐挑角，形状似凌空展翅的飞燕，体现了中国古建筑的精致与典雅。燕子楼的历史传说与一位名叫关盼盼的才女紧密相连。

相传燕子楼最初由唐代镇守徐州的节度使为他的爱妾关盼盼所建，相传关盼盼是唐代彭城（今徐州）人，生活在贞元至元和年间，她能歌善舞，精通管弦，擅长诗词，是一位多才多艺的才女。关盼盼广于结交当时的文人，唐代的著名文人白居易、张仲素等都曾与之交往，并留有以"燕子楼"为名的诗词。才女的动人故事与文人的动人诗词，使燕子楼成为一处怀古的知名之地，后有苏轼、文天祥等人的相关文学创作，燕子楼遂成为本地区的一大重要景观。

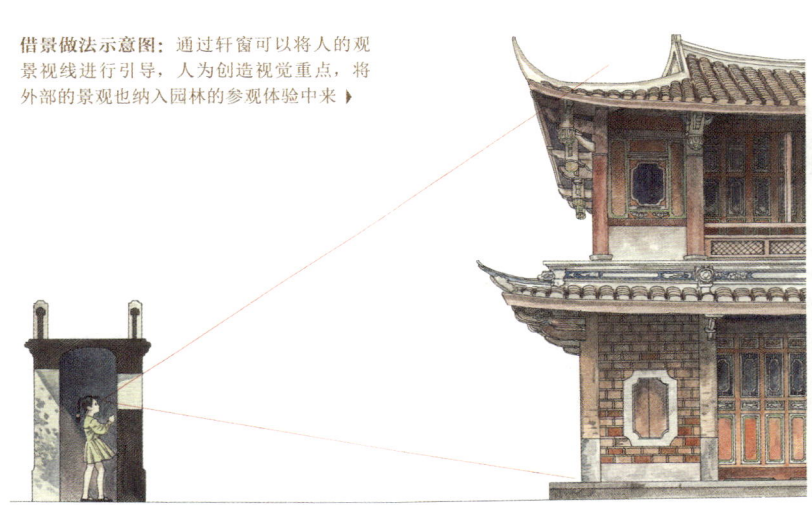

借景做法示意图： 通过轩窗可以将人的观景视线进行引导，人为创造视觉重点，将外部的景观也纳入园林的参观体验中来▶

  白居易与张仲素的唱和诗《燕子楼》是最早将燕子楼与关盼盼写入文学作品的。苏轼在《永遇乐》中表达了对关盼盼的深切同情，其词句"燕子楼空，佳人何在？空锁楼中燕"流传至今。燕子楼虽然在后世被多次损毁，但也因为这些流传的佳句而被不断复建。这些诗词多以刻石的形式收集在燕子楼中。

  目前位于徐州云龙公园知春岛上的燕子楼复建于20世纪80年代，不仅是一处古迹，更是中国文化中的一个符号，象征着忠贞不渝的爱情和才女的悲情。楼内陈列着历代咏燕子楼的诗文、壁画，展示了丰富的文化底蕴和历史传承。楼前有一湖碧水，微风吹过，波光粼粼，与古建筑相映成趣，形成一种和谐的自然美。临湖而立的是赵朴初先生手书的白居易所写燕子楼诗的石碑，体现了对历史的尊重和文化的传承。燕子楼的建筑与环境是对中国传统文化的一种展现。今天的燕子楼是徐州的一处著名景点，吸引着人们前来参观，感受那段跨越千年的历史与传说。燕子楼与关盼盼的故事，不仅反映了唐代的社会风俗，也展现了中国古代女性在爱情与才艺方面的独立形象，成为后世赞颂与传唱的对象。

燕子楼景观全景：因楼阁临水，造型多夸张和飞扬，以便与平静的水面形成对比，突出建筑的动感形象，这也是其作为景观建筑的特色之一。

一诗闻名鹳雀楼

鹳雀楼位于山西省永济市蒲州古城西面的黄河东岸,是历史上著名的文化名楼之一,与黄鹤楼、岳阳楼、滕王阁一起并称"中国四大名楼"。

鹳雀楼始建于北周时期,最初作为军事戍楼建造,用于瞭望黄河地区的河道与船行情况,也是此地区少有的高层建筑。据记载此楼存世至元代初年,在因战火被焚毁之前,共历经700多年,已经成为本地区一座历史悠久的标志物。鹳雀楼早在唐代就因王之涣的《登鹳雀楼》一诗而闻名,诗中"白日依山尽,黄河入海流。欲穷千里目,更上一层楼"的"楼",即为鹳雀楼,可见在当时已经成为登临观景的最佳去处。

作为黄河流域著名的人文景观,目前的鹳雀楼是20世纪90年代末重新兴建的,造型为仿唐式建筑的高台式十字歇山顶楼阁,外观3层4檐,内部实际为9层使用空间。值得一提的是,楼中的油漆彩画,采用唐代彩画艺术,体现了唐代风格,这种唐式彩画此前在国内已失传。鹳雀楼内部陈设着重以河东文化和黄河文化为主题,采用硬木彩塑、欧塑、浮雕、壁画、雕塑等形式表现华夏文明的发祥地、大唐蒲州盛况和河东历代的人文景观。以鹳雀楼为中心,四周以古典园林分布,呈"四区十二点"布局结构。鹳雀楼与周围的自然环境和谐共存,体现了中国古代建筑与自然景观相结合的理念。站在楼上凭栏远眺,看到黄河流向缥缈无尽的远方。

《登鹳雀楼》这首诗不仅体现了诗人的才华,也表达了一种积极向上、不断追求的精神。鹳雀楼吸引了历代文人墨客的题咏,成为文化传承的重要场所。可见,鹳雀楼不仅是一处观光胜地,更是中国传统文化的重要象征,承载着丰富的历史和文化内涵,这也是许多历史悠久的景区所共有的特色。

烟波江上黄鹤楼

黄鹤楼位于湖北省武汉市长江南岸的蛇山上,登楼可俯瞰长江和武汉三镇的壮丽景色,具有极佳的观景功能。据记载,黄鹤楼始建于三国吴黄武二年(223年),

鹳雀楼

黄鹤楼历史上屡次重建,图为宋代绘画中的黄鹤楼

由孙权在夏口城西南角的黄鹄矶上建造,最初也是作为军事瞭望塔使用。作为此地可登临俯瞰四周的制高点,黄鹤楼也同样吸引着各个时期的文人墨客前来,南朝宋大明六年(462年),鲍照首次在黄鹤楼题诗。随后,祖冲之在《述异记》中记载了黄鹤楼的神话故事,成为黄鹤楼称谓最早出现的文字记载。崔颢在唐开元十一年(723年)创作了著名的《黄鹤楼》诗,使黄鹤楼名声大振。

唐代黄鹤楼经历了多次重建和修缮,北宋元祐年间重建黄鹤楼,南宋初年黄鹤楼倾圮。元至正三年(1343年),威顺王宽彻普化太子在黄鹤楼原址附近修建了胜像宝塔。明清时期,黄鹤楼经历了多次重建和火灾,最终在光绪十年被毁,仅余铜顶。民国时期有多次重建黄鹤楼的提议,但均因各种原因未能实现。

直到1985年,黄鹤楼在蛇山山顶约一公里处重建落成,除新建的黄鹤楼之外,还有铸铜黄鹤造型、胜像宝塔、牌坊、轩廊、亭阁等辅助建筑,与主楼相得益彰,形成以历史为主题的完整景区。黄鹤楼融合了古典与现代元素,具有鲜明的民族特色。楼高五层,楼的外部有六十个翘角向外伸展,形成独特的飞檐效果,象征着黄鹤展翅欲飞的形态。黄鹤楼的屋面覆盖着十多万块黄色琉璃瓦,使整座建筑在阳光下金碧辉煌。楼内装饰华丽,有描绘历史故事和文化主题的壁画。

黄鹤楼不仅是一座建筑,更是一个文化符号,承载着丰富的历史和文化,历代文人墨客在此留下了众多脍炙人口的诗篇,如李白的《黄鹤楼送孟浩然之广陵》

等,使其成为中国文学史上的重要地标。

把酒临风岳阳楼

岳阳楼与江西南昌的滕王阁、湖北武汉的黄鹤楼并称为"江南三大名楼",位于湖南省岳阳市洞庭湖畔,因位于水口的特殊位置,最初是用于操练水军的阅兵楼,由东吴将领鲁肃修建,也是出于军事目的修建的高层建筑。

两晋南北朝时,岳阳楼逐渐由军事设施转变为观赏楼,唐代时岳阳楼作为独立的名称开始成为欣赏水景和宴饮的著名之地,吸引了孟浩然、李白、刘禹锡等诸多著名的文人来此创作诗词作品。随着以杜甫的《登岳楼》为代表的一批文学作品的流传,岳阳楼虽然历经多次重修,但仍声名远播。北宋时期,滕子京重修岳阳楼,并由范仲淹撰写了著名的《岳阳楼记》,使岳阳楼名声大振。历史上岳阳楼经历了多次兴废,每次重建都保留了其独特的历史风貌。

岳阳楼

目前的岳阳楼建筑为20世纪80年代按照清光绪年间的旧形制大修而成，楼体为三层，整个楼体由四根楠木柱为主支撑结构，另设十二根木廊柱和二十四根木檐柱，整体结构以纵向柱子支撑，保留了古老的插榫法结构，展现了中国古代典型的楼阁建筑特点。楼顶采用层叠相衬的"如意斗拱"托举而成的盔顶式，这种犹如古代将军头盔式的造型在古代中国建筑中独具一格。

岳阳楼为纯木结构，展现了中国古代木结构建筑的高超技艺。楼的屋檐四角飞檐翘起，线条流畅优美，增强了建筑的动感和立体感。岳阳楼地处洞庭湖畔，登楼可俯瞰洞庭湖和长江的壮丽景色，具有极佳的观景效果。岳阳楼周边还有三醉亭、仙梅亭、怀甫亭等辅助建筑，与主楼相得益彰，形成完整的古建筑群。

岳阳楼是历代文人墨客创作诗文的重要场所，作为中国历史上著名的文化符号，有着独特的文化价值和象征意义，它象征着忧国忧民的情怀，反映了中国古代士人的家国情怀和责任感。

滕王高阁临江渚

滕王阁位于江西南昌市的沿江路，这里是赣江与抚河故道的交汇处，临江而建，因最初由唐太宗李世民的弟弟滕王李元婴所建而得名，并因唐初诗人王勃所作《滕王阁序》而声名广播，是中国历史上著名的古建筑之一。滕王阁在历史上经历了多次毁建，宋代、元代、明代、清代均有重建或修缮的记录。1989年，按照宋式楼阁重建后的滕王阁落成并对外开放。

滕王阁建筑下部有象征古城墙的12米高的台座，分为两级，增强了建筑的雄伟感，由高台登阁有三处入口，正东登石级经抱厦入阁，南北两面则由高低廊入阁。主阁采用"明三暗七"格式，即从外部看是三层带回廊的建筑，而内部则有七层空间，包括三个明层、三个平座暗层及顶层阁楼。正脊鸱吻为仿宋特制，高达3.5米，显示了宋代建筑的特点。勾头为"滕阁秋风"四字，滴水为"孤鹜"图案，均特制，富有文化内涵。

主阁的梁枋彩画以宋式彩画中的"碾玉装"为主调，辅以"五彩遍装"及"解绿结华装"。大厅内有汉白玉浮雕《时来风送滕王阁》，以及其他各层的壁画和展陈，展示了丰富的历史文化，第六层是滕王阁的最高游览层，提供了俯瞰周围景观的绝佳视角。滕王阁的建筑不仅是技术的展现，更是中国传统文化和艺术的体现，其设计巧妙地融合了自然景观与人文元素，创造出独特的艺术意境。

滕王阁

戏马台

户部山上戏马台

　　戏马台是位于江苏省徐州市的一处著名古迹，位于户部山顶。户部山戏马台所在的户部山地区，古称南山，承载着丰富的历史，还拥有众多引人入胜的景观。据记载在项羽定都彭城时，于城南的南山上构筑高台，用以观赏士卒操练、赛马，后人称为"戏马台"。东晋大将刘裕在此建有台头寺，明代改为三义庙，后因明朝户部分司迁至此以避水患，故称户部山，因地势较高，不仅是衙署迁移至此，还是当时豪门和富户首选的住宅区，清代又陆续在此建亭。

　　现存刘家大院，是西汉楚王刘交后裔的宅院，保持了旧时的格局。权谨牌坊，是明代颂扬儒家礼教、忠孝名人的纪念性建筑物。郑家大院以书香门第、家族世代传承文化著称。翟家大院是晋商翟家在徐州的豪宅，展现了徐州民居的特色。余家大院是徽商余氏家族的宅院,秉承"贾而好儒"的传统。

当然,户部山最有名的还是山顶的项羽戏马台。戏马台吸引了历代文人墨客登临,包括谢灵运、谢瞻、张籍、苏轼、陈师道、贺铸、文天祥、萨都剌、袁枚、阎尔梅等,都曾留下吟咏戏马台的传世佳作。1987年重修戏马台,重修后的戏马台分为前区和后区,前区为两组宏伟的仿古皇家建筑群,后区依山就势,设计为百米长廊。

西子湖畔光阴短

西湖在远古时代,连同杭州都是一片浅海湾。古籍上有"杭之为州,本江海故地"的记载。西湖西南有天竺山;南有南高峰、凤凰山、吴山等依次相连,称南山;天竺山以北是北高峰、宝石山等,统称北山。三面环山,东北面与杭州市区相连,为一片平原地带。在漫长的岁月中,由于河流的变化和泥沙的积压,逐渐形成了地质学上所谓的泻湖,这便是西湖的前身。

作为泻湖的西湖得以长久保存主要靠历代人工的疏浚和整治。据统计,自唐代起一直到清代,几乎历代都对西湖进行了疏浚。其中最著名的是白居易出任杭州刺史时,主持筑堤和蓄水灌溉农田,今日西湖有"白公堤"便是史迹见证。白居易筑

西湖自然园林布局示意图

堤理湖时，在湖中保留了一两个沙洲，以后增加土石，即成小岛，这可能就是今日三潭印月与湖心亭的雏形。白居易离开杭州后，对西湖仍有眷恋，曾写诗《钱塘湖春行》："孤山寺北贾亭西，水面初平云脚低。几处早莺争暖树，谁家新燕啄春泥。乱花渐欲迷人眼，浅草才能没马蹄。最爱湖东行不足，绿杨阴里白沙堤。"以此为纪念。

另外一位与西湖有关的著名文人苏轼于宋元祐四年（1089年）出任杭州知州，也曾"花二十万工"，清理湖面，自南向北将淤泥筑成一道长堤，即今日的苏堤。堤长三里，沟通了西湖的南北交通，堤上遍植桃柳以保护堤岸，并在湖中立石塔三座（今日的西湖三塔为明代重建）。

除这两次对西湖的治理和修筑外，据相关典籍记载，在南宋绍兴元年（1131年）、淳祐七年（1247年）、咸淳六年（1270年）都有较大规模的对西湖及附近河道的疏浚与治理，使西湖得用于农田灌溉、百姓饮用，并成为南宋帝王的游览之地。

西湖在隋唐时因湖在钱塘县而称作钱塘湖，后又因其位于南宋临安城的西面，而得名西湖。在经过各朝代的一次又一次疏浚治理，装点规划之后，逐渐成为一处著名的风景游览胜地。尤其是南宋皇室南渡，以临安为都，朝廷上下为这里的湖山风景所动，于是朝臣、权贵纷纷沿湖建宅营园，相当于在西湖这个大园林中又添建了许多个小景点，形成园中园的格局。

后世兴建的园林中既有私家园林，也包括皇家园林和少数寺庙园林。如柳浪闻莺，原为南宋的聚景园，是外御园之一，与西湖相通，可乘船由园内入湖游赏，园内的主要景点有会芳殿、瀛春堂、揽远堂、芳华亭、花光亭、柳浪桥、学士桥、瑶津、翠光、桂景、滟碧、凉观、琼芳、彩霞、寒碧、花醉、澄澜等亭台轩殿楼阁，亭宇匾额全为宋孝宗亲笔题写。这些园林分成三段，南段的园林集中在湖南岸及南屏山、方家峪，接近宫城，以行宫御苑居多。中段以耸峙湖中的孤山为重点，环湖建置玉壶园、环碧园、聚景园等园点缀湖景，并借远山及苏堤作为对景，以显湖光山色之胜。山地小园多集中在北山路一带，与中段的湖园以孤山衔接混凝为一体，

形成贯通之势。

宋室南渡后,也将金明池、琼林苑定时对公众开放的惯例带到临安,每年的二月初八至四月初八为开湖之日。开湖时节,游船如织,首尾相接,宛若一条跃舞腾飞的巨龙,阵势宏大。皇帝乘大龙舟巡游,文武百官尾随其后,岸上游人如蚁,接踵摩肩。沿湖店铺陈列着各种食物和珠宝,琳琅满目应有尽有。南宋诗人林升曾题诗:"山外青山楼外楼,西湖歌舞几时休。暖风熏得游人醉,直把杭州作汴州。"虽然诗中蕴含着深刻的历史意义和时代背景,但却将西湖当时的盛景展现了出来。流传至今的西湖十景到南宋时已基本形成。西湖一带山明水秀,风光迤逦多姿。苏轼有诗赞曰:"水光潋滟晴方好,山色空蒙雨亦奇;欲把西湖比西子,浓妆淡抹总相宜"。他把西湖比作西子(古代四大美女之首的西施),无论是水光潋滟的晴日还是山色空蒙的雨天,景色都是那么美丽,就像美人一样。

小瀛洲,又称三潭印月,是外湖中最大的岛屿,与湖心亭、阮公墩被人们誉为"蓬莱三岛"。北宋苏东坡

白堤上的断桥残雪: 白堤东端自断桥开始向西一直延伸到平湖秋月,将西湖水面分为外湖与里湖,明代时白堤外侧种植桃树,内侧种植柳树,因此又被称为十锦塘

杭州曲院风荷: 位于西湖西侧岳飞庙之前,湖面上种植大面积的荷花,在南宋时此地为官属酿酒作坊,出产闻名各地的曲酒

花港观鱼: 苏堤南段近雷峰塔一侧,因花家山麓的溪水经由此地流入西湖,因此被称为花港,相传南宋时是一处私家园林,以鱼著称,20 世纪 50 年代在此处新建为花港观鱼公园

公共园林——山高水长入园来

任杭州知州，在疏浚西湖时，不仅筑苏堤，而且在堤外湖水深处立三座石塔，名三潭，令三潭内不准种植，以利于测量水位和淤积程度。南宋时，马远等人因其有波光潭影而名之为三潭印月，后于万历三十九年（1611年）重筑形成格局，为西湖十景之一。

小瀛洲整个水面被两条垂直相交的轴线划分出四部分，呈"田"字形，东西轴线用土堤相连，南北以曲桥贯通。小瀛洲岛北突出一段环形长堤把北部水面分成两个不均等区域，于是在堤西就势建九曲平桥，以堤和桥重新围合出带状的水系，从而打破了横平竖直的水面格局。这座桥九转三回，有三十九个弯，曲折的桥身嵌入水中，石栏低矮，其造型显得十分优美。桥上由北向南，建多座亭，有开网亭、亭亭亭、御碑亭等。

小瀛洲布局巧妙，堤岸上很少设置建筑，亭榭桥厅都沿南北轴线展开。建筑虽数量不多，却突显个性。其中，我心相印亭、亭亭亭和开网亭三座小亭格外引人注目。单看亭名就显得与众不同，"我心相印"和"开网"均为佛语，前者意为"不须言，彼此意会"，后者则取佛语"网开一面"之意。亭亭亭是一座四角形的燕尾亭。亭的正面匾额上书写着"亭亭亭"三字。这三个亭各有不同的含义：第一个亭，是亭子的意思；中间的亭取其谐音停，有停下来休息之意；第三个亭则是亭亭玉立的意思，形容三潭印月给人的感觉。三亭造型也各有风采，开网亭采用奇特的三角形平面，三根立柱上顶三角形起翘玲珑的屋顶，是最为轻巧的形式。它位于曲桥的第一折，与东南面方形攒尖的亭亭亭在构图上为不对称的效果。两亭均架水凌空、玲珑透漏，漂浮于开阔的水面上，大大丰富了湖区水面的景色。

小瀛洲四面土堤上遍植柳树，夹以石楠、水杉、桂树、重阳木、香樟、枫杨、白玉兰、紫薇、月季、紫丁香等花木，湖中铺满莲花，夏日于湖光水色之中，整座水园萦绕在荷香之中，其他三季则有堤上的花卉树木竞相争艳，形成四时不同、变化丰富的景观，可以说是历代传承，逐步达到视觉、味觉、听觉统一和谐的园林效果。

西湖湖面上没有高大的建筑物遮挡，十分利于园林借景。苏堤春晓、花港观

平湖秋月：位于西湖白堤西端，背靠孤山，面向西湖外湖，所有建筑沿湖岸一字排开，这里地势平坦，犹如伸入湖中的宽阔平台，是绝佳的赏月之地，今为中国美术学院的校园所在地 ▲

小瀛洲三潭印月：位于西湖中部，相传苏轼在任时主持西湖的疏浚工程后，在此处建成三座瓶形石塔，取名三潭，并明令这一区域不得种植植物，以防止湖水淤堵，后人又陆续利用清理出的湖泥砌筑外堤，由此形成 ▼

鱼、三潭印月，白堤、断桥，远处玉皇山、平湖秋月、孤山，更远处可借葛岭、保俶塔景色，无论处于西湖何处，远近诸景均可呼应，不管是近在眼前，还是遥遥在望，都可在小园中欣赏大景，可算得上是园林中以小见大的绝佳代表。

雷峰塔位于西湖南面，净慈寺前的夕照山上。山上的雷峰塔始建于五代，南宋年间塔顶遭雷击焚毁，改建为五层。南宋画家刘松年曾画有西湖十景之一的《雷峰夕照》图，描绘了夕阳西照中雷峰塔"金刹高耸、层檐叠

出"的迷人风景。雷峰塔虽然不在西湖临畔,但在西湖之边,是重要的对景。在雷峰塔上,西湖又是其远眺的绝佳景观,因此成为西湖有名的景观。而民间传说《白蛇传》更让雷峰塔成为人人皆知的西湖名景。

西湖可以说是中国公共园林的一个突出代表,它的地理位置优越,具有天然的优势,自古就是著名的风景胜地,曾作为南宋国都的重点景观区被大力建设,是历代文人墨客聚集之地,各个朝代都有大量有关西湖的文学作品流传于世,《白蛇传》更让西湖带有神秘的吸引力。西湖景点众多,建筑形象和景观形态都极为丰富,集中了自然景观和人文景观的优势,且几乎不受时间和空间的限制,民众均可前往参观。

瘦湖心仪久

扬州是一座具有两千多年历史的文化古城,自吴王夫差筑城以后,日趋繁华,六朝时有"腰缠十万贯,骑鹤下扬州"的说法。扬州园林早期的大规模营造是在隋唐时期,隋炀帝在此开凿大运河,大兴土木,建造宫苑,唐代有李白作诗"烟花三月下扬州"也是对扬州城的赞誉。

扬州园林的第二次大规模营建是在清代,尤其是乾隆六次南巡,当时扬州的一些盐商,为了迎奉皇帝南巡,在瘦西湖的两岸争相建筑,大到亭台楼阁,小至一花一木,无不别出心裁,造景别致。此时形成了著名的扬州瘦西湖二十四景,分别为绿杨城郭、卷石洞天、西园曲水、虹桥揽胜、长堤春柳、荷蒲熏风、四桥烟雨、水云胜概、春台明月、蜀冈晚照、花屿双泉、临水红霞、绿稻香来、平岗艳雪、竹楼小市、香海慈云、三过留踪、万松叠翠、双峰云栈、山亭野眺、冶春诗社、碧玉交流、白塔晴云、梅岭春深。尤其是天宁寺御码头到蜀冈平山堂南麓,是"两堤花柳全依水,一路楼台直到山"的湖上胜景。嘉庆、道光以后,因战乱的破坏和经济中心的转移,扬州园林日渐凋零,但大体风格保留下来,尤其作为公共园林的瘦西湖景点,保存比较完整。

清代钱塘诗人汪沆写诗赞曰:"垂杨不断接残芜,雁齿虹桥俨画图。也是销金一锅子,故应唤作瘦西湖。"这首诗把瘦西湖"清瘦纤丽"的湖光美景形象地概括出来,而瘦西湖这一名称也不胫而走,流传至今。今天的瘦西湖园林风景区的范围,从南门古渡桥起,绕小金山至平山堂蜀冈下,以突出于水面的五亭桥和白塔为主要景观。

五亭桥是瘦西湖的标志性景观,在扬州的众多桥梁中有着特殊的地位。五亭桥建于乾隆皇帝第二次南巡之前,为了取悦钟情山水的乾隆帝,五亭桥的造型有北方的雄浑,同时,由于建桥的工匠都是扬州当地的能工巧匠,又使桥带有南国的小巧秀美,南北建筑风格的融合,使五亭桥在一众江南景观中独树一帜。

五亭桥实为桥,并以桥上亭为名。五亭排列有序,中亭突出重檐攒尖顶,其余四亭分居东南、西南、东北、西北,呈对称设置,且均采用单檐攒尖形式,以烘托主亭。亭外部装饰黄色琉璃瓦,红色亭柱,色彩明丽而不俗艳,与江南素雅的风格迥然不同。五亭似飞动的檐角彼此相连,构成一个完整的屋面,亭顶部的青脊划出纵横交错的优美弧线,无论从哪个角度看,都可获得绝佳的艺术效果。桥身用十二

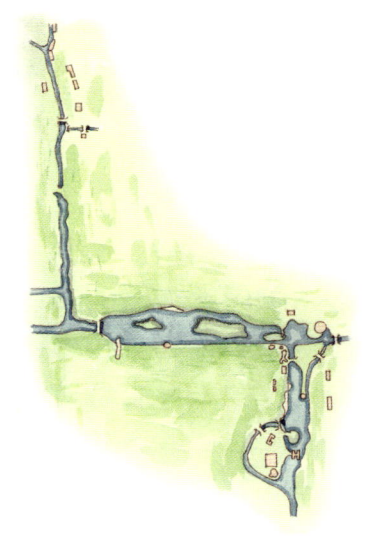

瘦西湖沿岸画卷式布局:瘦西湖景区占地面积约2000亩,其中水域面积约700亩,从北起始于大明寺所在的蜀冈山脚下,向南不断分支,其中主要景区的分支水域从熙春台至莲花桥、小金山,再到大虹桥,逶迤长度超过3公里 ▶

卷石洞天： 这一区域陈列了从周围搜集的各种太湖石置于水中，是扬派叠石的代表作

块青石砌成十五个石桥洞，拱形弧度不同，大小不一，以中间的最大，宽七米，可通大型画舫，外侧的小桥洞依桥的走势做成了扇形。整座桥的桥亭、桥身、桥基比例和谐，造型纤巧，是中国桥梁史上交通桥与观赏桥相结合的成功实例。远远看去，五亭好似盛开的莲花，因此又有"莲花桥"之称。茅以升曾称之为"中国古代交通桥与观赏桥结合的典范"。五亭桥已经成为瘦西湖乃至扬州的标志性建筑。

白塔位于五亭桥南，建于莲性寺内。白塔形制与北京北海琼华岛白塔相仿，尺度更加匀秀，外形缩小，更显修长、飘逸的外形也正与瘦西湖的"瘦"相切合。

小金山，原名长春岭，是湖中最大的岛屿，仿镇江金山而筑，山上建风亭，山腰处有观音阁坐落其中，山下月观、棋室、琴室、关帝庙、草堂、玉佛洞环列四周。小金山西端一条长堤伸入湖中，堤的尽头是一座重檐翘角方亭，青瓦黄墙，名"吹台"，人称钓鱼台。亭的东面是一个落地罩阁门，西北南三面开设月洞门，站在亭内可以从各个角度观景；如果站在东北侧望西南两洞门，则西侧洞门正好将白塔框入，南侧洞门又正好把五亭桥收入其中，一白一黄，一横一竖，把洞门框景的作用演绎得完美无缺，提高了建筑的观赏效果。

台西是凫庄，一座形似野鸭的小岛，全岛面积不大，岛上构景以玲珑精巧取胜。全岛四面环水，水榭、亭台依水而建，其间点缀以湖山假石，环岛种植梅、桃、竹等植物。

静香书屋，又是一个园中园。园内主体建筑为徽州传统民居的形式，坐北朝南，面阔三间，四周环以回廊，青瓦白墙，门楼的砖细匾额上横刻"静香书屋"四字。室内明间北侧有一落地罩，镂空精雕松竹梅图案，罩后条几上供桌屏、花瓶，书桌上置文房四宝，书架上摆放线装古书。据史料记载，静香书屋原来是清代乾隆年间"水竹居"园林的一部分。水竹居，又称石壁流淙，为清代瘦西湖二十四景之一。据说《红楼梦》中宝玉的居所怡红院就是以水竹居为蓝本的。

俯瞰五亭桥： 乾隆年间，仿照北京北海五龙亭和十七孔桥而建，上有五亭，下有十五孔，是南北风格混合的景观作品，与周围的江南风格建筑形成强烈对比

凫庄：凫庄在清代为盐商的私园，于太平天国时被毁，民国时期由当地乡绅重建。

扬州园林以亭台制胜，这一点在瘦西湖体现得很明显。扬州虽为典型的江南水乡，但瘦西湖园林建筑风格与江南其他地区园林有着明显的不同。二十四桥东侧的熙春台建筑群均为绿瓦朱柱，重檐歇山的屋顶上加抱厦，使楼体典雅的气质油然而出。熙春台绿色的琉璃瓦屋顶与五亭桥的黄瓦朱柱，白塔的玉体金顶，形成了强烈的视觉对比。江南地区园林，以苏州园林为代表，突出粉墙黛瓦、水幽花明，"庭院深深深几许"的氛围；瘦西湖的风格则更加明丽、清秀，建筑的色彩冷、暖兼具，造型规模也更显气魄。这可能与园林的营建目的有关，当年扬州商人为了取悦皇帝，无不煞费苦心建置亭榭、栽植花木，这就使得瘦西湖在兼有扬州地方特色的同时，还有对皇家建筑风格的效仿，因此从外观和气势上来看，更具表现力，也更为张扬。

园林景观缺少了历史传承和文化意蕴必然会大有减色，有些园林景观艺术含

静香书屋： 静香书屋以三开间青砖瓦房为主体，在园中设有半舫、半亭和一半的美人靠连着月洞门，书屋内收藏有扬州八怪之金农所提的"静香书屋"漆书和八怪之郑板桥的题字。

量并不很高，只因在其营建过程中反映了某些历史事件或有相关的文学作品流传下来，从而形成富有文化意蕴的著名景观，吸引着络绎不绝的人们前来参观，为园林景观增添了非物质性的魅力特征。如清代的扬州，瘦西湖的名字远不如二十四桥景区的知名度高，因为二十四桥景区的形成与乾隆皇帝六下江南有关。

二十四桥，并不是指二十四座桥，它是瘦西湖北区的一座玉带状拱桥，又名红药桥。桥的整体设计都与数字"二十四"有关，桥长24米，宽2.4米，两端设置台阶24阶，栏杆24根，故名二十四桥。古往今来，吟诵二十四桥的诗句举不胜举，如唐朝诗人杜牧的"青山隐隐水迢迢，秋尽江南草未凋。二十四桥明月夜，玉人何处教吹箫。"姜夔的"二十四桥仍在，波心荡，冷月无声。念桥边红药，年年知为谁生！"丰富的人文气息，也使二十四桥有了一层神秘的色彩。

扬州园林夸张的造园手法在建筑上表现为用色丰富、明丽，以植物表现的形式为花木的种类繁多，并多设成片成区栽植的花圃、苗圃，用葱茏茂盛的植物渲染出

二十四桥：由山洞栈道、单拱曲桥、三折平桥和吹箫亭接连组成，以"二十四桥明月夜"的景观而闻名

园林的生机与活力。宋代大画家郭熙说过，山以水为血脉，以草木为毛发。因此，山得水而显生气，得草木而获得意境上的提升。花木的布置和安排，除了在布局、气氛上要与园林相协调统一，还要讲究花木本身所传达的艺术情境和象征寓意。瘦西湖的花木种类繁多，布局合理，种植着柳树、桃树、芍药、牡丹等外，还有一年四季皆可观赏的扬州盆景。

瘦西湖的美体现在一个"瘦"字上，除了湖泊水系不若西湖般圆满，而是呈现瘦长之态以外，瘦西湖四周也没有高山，只有在西北侧有平山堂和观音山，但也只是略具山势而已。因此，大大小小的园林均沿湖而筑，楼台厅榭高不过一二层，风格以纤丽柔和见长，水面尺度上具有温馨感。

瘦西湖是人造景观与自然的山水园林组合,是公共园林的一种形式,它的特点是:范围大,内容多,没有围墙封闭,呈全面开放式,还有集市、民居等非园林要素掺杂其中。这一类园林因为对外全面开放,游园不受任何限制,因而不仅有数量众多的游人参观游览,而且由于园林文化层次丰富,使得不同年龄、职业,不同文化背景的人都乐于其中。它不仅承载着整个城市的历史,也展现着江南人杰地灵的社会发展状态,可以说是整个城市美好的文化记忆,而非仅仅是一处自然园林景观。

南湖烟雨濛

在浙江省嘉兴市老城的东南方,有一处在中国享有盛誉的湖泊区"南湖",古时称之为陆渭池、马场湖。南湖有东、西两湖之分,也有"鸳鸯湖"之称。南湖总面积800多亩⊖,湖中两岛镶嵌,形成了湖中有岛、岛中有楼的优美景观。最为值得一提的是,中国共产党第一次代表大会,就是在南湖的一艘船上完成了最后的议程,因此,南湖也是重要的革命圣地。

南湖中有两岛,一为湖心岛,二是位于南湖东北部的仓圣祠。湖心岛占地十八亩,是明代嘉靖年间修整河道时,挖出的淤泥堆于湖中心形成的。岛上以烟雨楼为中心,经过多年的扩建,在周围修建了亭台阁榭,并以假山回廊作陪衬,以形成四合院的布局,整体具有江南特色,布局精巧得当,景色优美动人。

湖心岛上的建筑分为东、中、西三路,中路主体建筑烟雨楼,楼后堆叠的假山上建有一座宝梅亭。东路上设置有小蓬莱、清晖堂、观音阁等建筑,西路上设置有御碑亭、来许亭等。

烟雨楼是当时由湖滨的登眺楼迁至到岛上的,据传楼名是根据唐代著名诗人杜牧的"南朝四百八十寺,多少楼台烟雨中。"的诗句所得。烟雨楼为两层楼阁式建筑,重檐歇山顶,东西两侧植有两棵银杏树,是重建烟雨楼时种下的,距今已

⊖ 1亩=666.6平方米。

荷蒲熏风： 古扬州二十四景之一，为当地盐商的私园，因种植大片莲荷为特色，清乾隆皇帝曾来此观荷，并御赐园名为"净香园"▸

有450多年的历史，成为烟雨楼历史的见证。楼前是半月形的荷花池，迎合着湖心岛的建置布局，形成湖中有池、岛中有堤的美丽景观。烟雨楼后是不规则的开阔庭院，屋宇游廊环楼而置，院中堆假山，植花木，内容较丰富，成为湖中之园。

南湖所处地带气候潮湿，阴雨天较多，晨烟暮雨为常态，每当细雨降临时，烟雨楼隐现于烟雾之中，景色缥缈迷蒙，让人心醉神怡。

嘉兴南湖湖心岛： 湖心岛位于南湖正中，与陆地不相连，犹如一个绿色的盆景飘浮于水面之上 ▸

虹桥修禊： 修禊起源于远古时期的消灾祈福仪式，清初文学家王士祯在扬州虹桥召集多次修禊活动，使虹桥修禊成为文人相聚吟诗的文学盛会 ▸

嘉兴烟雨楼：五代时期烟雨楼初建于南湖的水岸边，后于明嘉靖年间被移建至湖心岛上 ▶

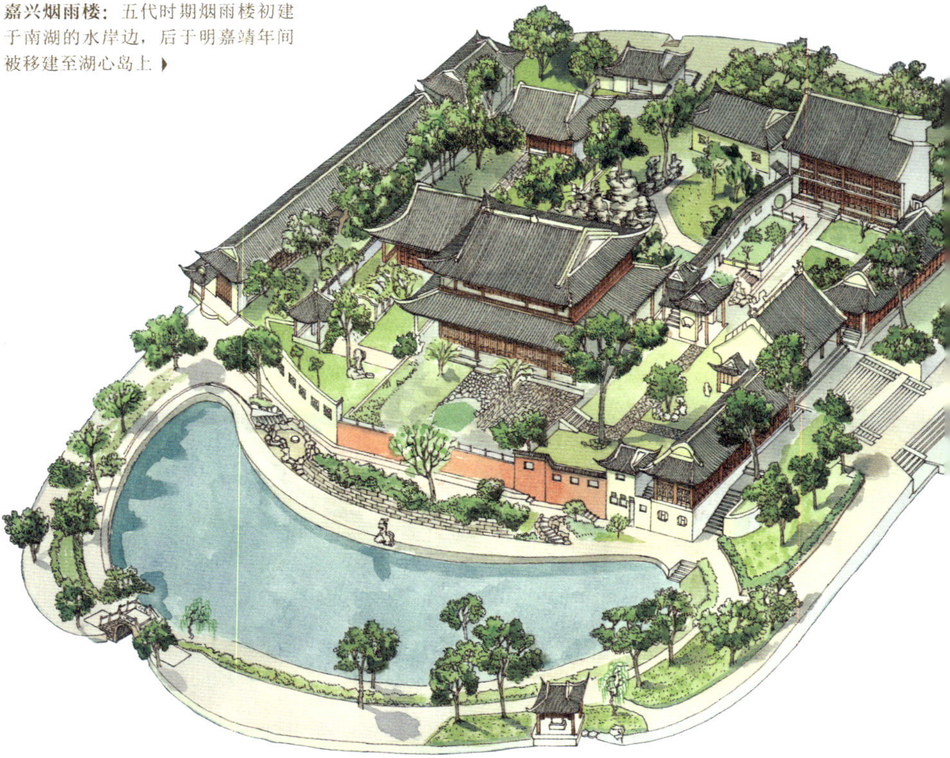

兰亭流觞

绍兴兰亭是中国书法的圣地，位于浙江省绍兴市柯桥区兰亭镇。兰亭因东晋时期大书法家王羲之在此创作了被誉为"天下第一行书"的《兰亭集序》而闻名于世，作为一处公共园林景观区，兰亭也是围绕王羲之的生平故事和《兰亭集序》的影响来设计和规划的。

兰亭的景致和内涵可以概括为"一序""三碑""十一景"。"一序"指的是王羲之的《兰亭集序》。"三碑"包括鹅池碑、兰亭碑和御碑。"十一景"则涵盖了鹅池、小兰亭、曲水流觞、流觞亭、御碑亭等。

鹅池是兰亭的第一个景点，池水清碧，常有白鹅嬉戏。相传王羲之爱鹅，常在此池中养白鹅嬉戏，作为自己创作的灵感来源。鹅池碑亭立于池边，内有清同治年间建立的石碑，上书"鹅池"两字。曲水流觞是兰亭著名的景点，为纪念王羲之与友人曲水流觞、饮酒赋诗的活动而建。旁边八角攒尖顶的御碑亭内存放着康熙手书的《兰亭集序》御碑，背面是乾隆帝的《兰亭即事诗》手迹。兰亭碑也是兰亭的标志性建筑，建于清康熙年间，碑上"兰亭"两字为康熙帝御笔，碑亭是为维护此御笔书写的石碑而建的纪念性建筑。王右军祠是为纪念王羲之而建，内有他的汉白玉雕像及历代名家临摹的《兰亭集序》石刻。"临池十八缸"是根据王献之十八缸临池学书的典故而建。乐池是以《兰亭集序》中"信可乐也"的记叙命名的一处景点。

绍兴兰亭俯瞰图

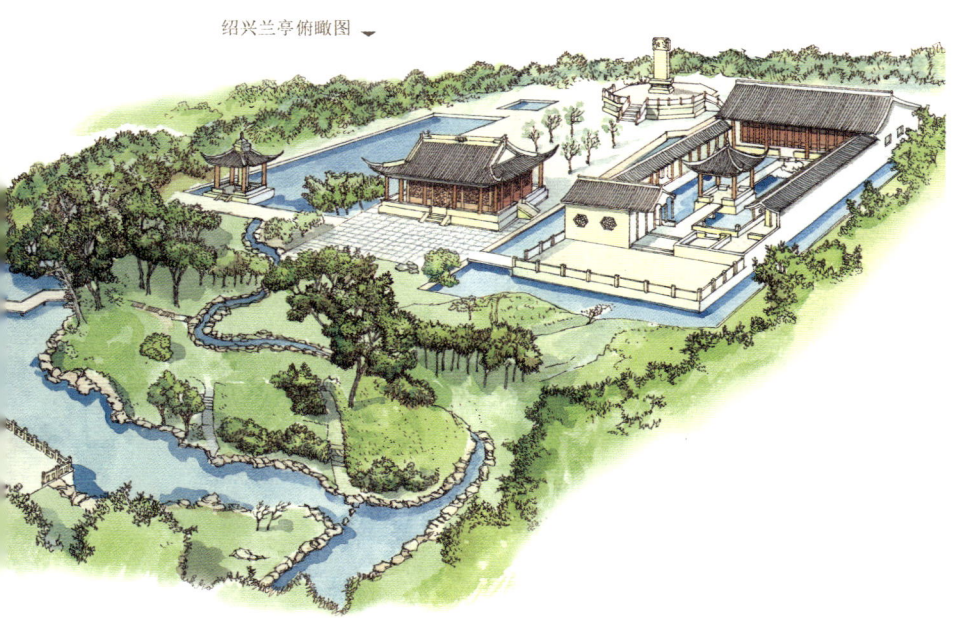

绍兴兰亭以其独特的书法文化闻名于世,其中又收录了古往今来诸多文人墨客临摹石刻,因此具有浓厚的文化底蕴,也是园林中最具吸引力的人文景观。兰亭自两晋时就吸引像王羲之这样的文人前来举办文人的盛会,可见自然环境优势之明显,在千百年的不断发展过程中,此处园林布局疏密相间,建筑错落有致,小巧而不失恢宏之势,典雅而更具豪放之气,以"景幽、事雅、文妙、书绝"四大特色著称。

天平山三绝

苏州天平山是一处集自然风光与丰富人文历史于一体的风景名胜区,位于苏州城西约二十八里处,海拔221米。天平山因山顶正平而

坐隐园曲水流觞: 因兰亭曲水流觞被传为佳话,因此无论是私家园林还是公共园林,许多地区都模仿修建曲水流觞池,以供文人在此聚会

得名,自古以来便是江南著名的旅游胜地,吸引了白居易、范仲淹、唐伯虎、乾隆皇帝等历史名人,到此留下了众多的诗词、游记和人文遗迹。天平山以"三绝"闻名:怪石、清泉、红枫。山上奇石嶙峋,山腰有钵盂泉,泉水醇厚甘洌,被誉为"吴中第一水"。云泉精舍原名白云亭,乾隆三年修筑,后改题"云泉精舍",为啜茗品泉处。

虽然范仲淹本人的墓在洛阳万安山下,但他本人与天平山可以说渊源颇深。范仲淹的祖坟位于天平山上,生前曾请求恢复范姓,尽管遭遇了族人的阻拦,但他始终坚持自己的请求,并最终成功。山东南麓的古枫林,由范仲淹的十七世孙范允临在明代万历年间从福建带回种植。天平山的红枫与范仲淹的精神一样,历经风霜雨雪,依然展现出惊人的生命力。每年秋季,天平山都会举办红枫节,美丽枫树将山也染成红色,成为天平山一大景观。此外,天平山还深藏着一棵千年古圆柏,据说与范仲淹同一年代,成为山上的另一宝藏景观。

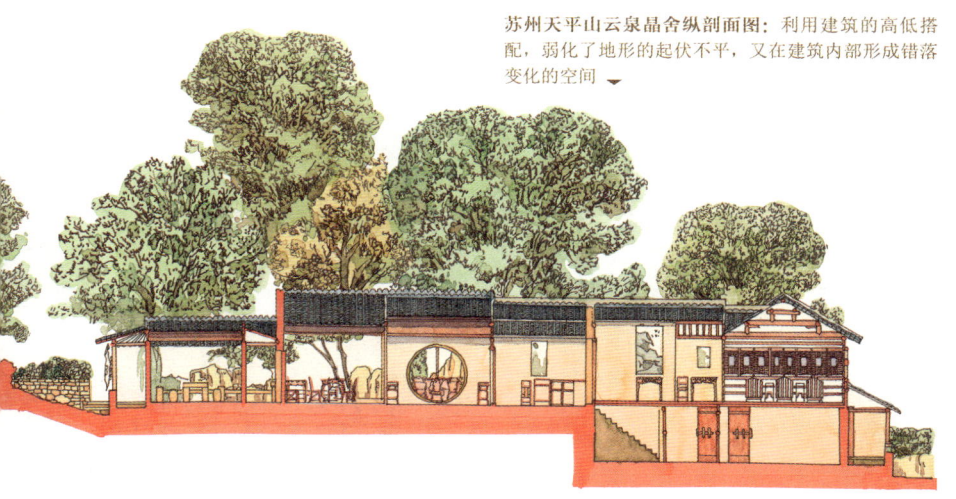

苏州天平山云泉精舍纵剖面图:利用建筑的高低搭配,弱化了地形的起伏不平,又在建筑内部形成错落变化的空间

春晓莫愁湖

莫愁湖公共园林位于南京市建邺区,是一处集自然风光与人文历史于一体的景区。公共园林的建筑与布局典雅精致,具有典型的江南园林特色。莫愁湖的名称与莫愁女的传说紧密相连,据说她是河南洛阳人,因家境贫寒,卖身葬父后成为卢家的儿媳。梁武帝曾因贪恋她的美貌而企图纳她为妃,莫愁女宁死不从,投湖自尽。人们为了纪念她,将她投湖的地方命名为莫愁湖。梁武帝也因感到愧疚而写下了《河中水之歌》来纪念她。

莫愁湖公共园林的建筑与布局充分体现了江南园林的精致与典雅,各种建筑与景观绕湖而建。胜棋楼位于华严庵北首,是两层的砖木结构建筑,相传明太祖朱元璋与中山王徐达在此下棋,徐达在棋盘上以棋子排出"万岁"两字,赢得朱元璋的赞赏,并将胜棋楼及莫愁湖赐给了徐达。棋文馆位于胜棋楼东部,用以弘扬棋弈文化。

南京莫愁湖抱月楼

华严庵位于莫愁湖南岸，是清代乾隆年间的建筑。莫愁女故居，包括郁金堂和苏合厢等建筑，始建于明中叶，经过多次重建与修复。莫愁水院由回廊、赏荷厅、光华庭等组成，中央设有观鱼池，环水而建，具有古典园林风格。抱月楼位于莫愁湖西南岸，由一亭一台二角亭组成，是一座两层的仿古建筑。赏荷榭位于南部、竹林东侧，是典型的明清风格水榭。五显亭位于公共园林东北部，清初所建，六角双层砖木结构。

莫愁湖自古以来就是文人墨客赞颂的对象，郑板桥曾赞叹莫愁湖的美景为"湖柳如烟，湖云似梦，湖浪浓于酒"。莫愁湖在历史上经历了多次兴废，从南唐到北宋，再到明代、清代的多次修复，莫愁湖一直是南京的文化名胜。

吞江醉石燕子矶

南京燕子矶，是长江沿岸著名的自然景观和历史文化圣地，位于南京栖霞区的直渎山上，因山势如飞燕展翅而得名，是长江沿岸著名的三大名矶之一。

燕子矶在历史上是重要的渡江地点和军事要塞，控制着长江的航运与军事行动。历史上，许多文人墨客在此留下了诗篇，如诗仙李白的"吞江醉石"题壁，为燕子矶增添了浓厚的文化氛围。乾隆皇帝六次下江南，五次亲临燕子矶，并在矶顶的御碑亭留下御书和诗作。燕子矶园林内留存的众多摩崖石刻，记录了历代文人在此处对美景的赞美之词。御碑亭中石碑刻有乾隆皇帝亲笔"燕子矶"三字，是公共园林的重要文物。李白酒罇石，形似古代酒器，据说是来自与李白有关的故事，成为一处富有诗意的景点。作为"金陵四十八景"之一，燕矶夕照的美景吸引了无数游客。园区内众多的青檀树，最年长的树龄已有500多年历史，为景区增添了一份古韵和生态价值。如今，燕子矶附近幕燕滨江风光带的建设，为市民提供了休闲游憩的新空间，也是观赏樱花和江景的绝佳地点。

燕子矶是南京一处自然美景与丰富的人文遗产景观相结合的胜地，是承载着丰富历史文化的地标，见证了南京城和长江流域的发展与变迁。

南京燕子矶

大明湖畔聚名士

济南又名泉城,据记载古代曾有七十二名泉,所有的泉水皆汇入大明湖。大明湖位于济南旧城北,湖水面积57.7公顷,由珍珠泉、芙蓉泉、王府池等多处泉水汇合而成,与趵突泉、千佛山合称为济南三大名胜。

大明湖的记载始于北魏,当时郦道元所著《水经注》中有记:"泺水出历县故城西南……其水北流为大明湖,西即为大明寺",六朝时,湖内莲荷翩翩,故名莲子湖,隋唐又称历水陂。北宋时,因湖位于城西而称西望湖,简称西湖。金代元好问《济南记》中,称大明湖。1958年,以湖为中心连接西、北侧的古城墙辟建成大明湖公共园林。

大明湖公共园林是典型的北方公共园林,大园中包含许多精致的小园。园内著名的景观被归纳为:一阁、三园、四祠、六岛、七桥、十亭,其中又以北极阁、小沧浪、遐园、稼轩祠、历下亭等较为著名。

一阁是指湖北岸的北极阁，这是一座道教庙宇，始建于元代，明清两代重修。阁建在7米多高的石台上，登临其上，可将全城美景尽收眼下。阁东南有南丰祠，为纪念宋代文学家曾巩而建，因为曾巩担任齐州知州时，曾主持修建北水门，作为调节大明湖泄水的水闸，消除了济南多年的水患，深得民心。后人为了纪念他的政绩，专门修建了祠堂。因曾巩为江西南丰人，人称"南丰先生"，所以祠堂以南丰为名，祠内环境幽雅。

遐园在湖南岸，是一座园中园，建于清宣统初年。园门朝东，进门内有两侧长廊向南北方向延伸。这座小园是由山东提学使罗正钧创办山东图书馆时所建，园中主建筑图书楼仿浙江宁波天一阁的式样建造，沿河回廊周折，将亭台榭馆，串联在一起，形成错落有致、主次分明的园林景观，有"济南第一标准庭院"之称。

由遐园往西，有稼轩祠，是为纪念南宋抗金英雄和伟大词人辛弃疾而建。祠堂建筑坐北朝南，从南到北由三个院落组成，面积也依次增大。入口大门上悬有"辛稼轩纪念祠"横匾，为陈毅元帅所题。进门两侧厢房内有叶圣陶、臧克家、吴伯箫等文化名人的墨迹，正厅是郭沫若所题楹联一副。稼轩祠最北面以园林和七曲石桥收尾，桥蜿蜒伸向湖心。

小沧浪位于大明湖西北岸，建于乾隆年间，因仿苏州沧浪亭而得名。小沧浪也是一座园中园，园门上悬"小沧浪"匾。它面山傍水，将湖水引入庭院形成溪水，在院落中绕以长廊，临水建水榭、亭桥，八角造型的小沧浪亭居于园中临湖处，清朗之日，可见远处千佛山的倒影，仿佛宋人笔下的水墨山水，恬淡而悠远。

湖心筑小岛，岛上原有历下亭，初建于北魏，也就是《水经注》中所说的"客亭"。古亭现在已不复存在，后人为纪念，曾多次修建历下亭。现今的历下亭建于清咸丰年间，重檐八角，攒尖顶，亭北有五间厅，亭南接回廊，四面环水，古意轩昂。大明湖以水景为主，优美的自然风光吸引历代文人学士聚集于此，李白、杜甫、高适、辛弃疾、王尽美、郭沫若等古今名士都曾挥毫叹咏，留下名篇佳句。

大明湖全景

公共园林——山高水长入园来

稼轩祠

湖心岛

趵突泉上濯尘土

趵突泉位于济南市历下区,其历史悠久,有关趵突泉的文字记载有很多。北魏郦道元《水经注》载:泺水出历城县故城西南,泉涌上奋,水涌若轮,臂涌三窟。宋代曾巩任齐州知州时,在泉边建"泺源堂",并写了一篇《齐州二堂记》,趵突泉的名称由此而来。元代著名画家、诗人赵孟頫在《趵突泉》诗中赞道:"泺水发源天下无,平地涌出白玉壶。"据说,清代乾隆皇帝南巡时,看到趵突泉十分激动,并封为"天下第一泉"。

趵突泉景区以趵突泉为核心,泉池为长方形,长 30 米,宽 18 米,深约 2.2 米,周围以石砌岸,池内有三泉喷涌的奇景。池内泉水一年四季的温度在 18 摄氏度左右。北临泺源堂,西傍观澜亭,南边有长廊环绕。趵突泉附近还有金线泉、漱玉泉、洗钵泉、柳絮泉、皇华泉、杜康泉、白龙泉等,组成了趵突泉泉群。

从景区正门进入,首先看到的是乾隆御笔书写的"趵突泉"匾额,进入景区,

济南趵突泉

东西两侧为李苦禅纪念馆和王雪涛纪念馆。李苦禅纪念馆是一座兼有江南庭院与北京王府、济南四合院风格的古式庭院，馆内收藏李苦禅先生的遗作和其生前的书画文物。王雪涛纪念馆所在的沧园原名"勺沧园"是在明、清两朝书院遗址上改建的。李清照纪念堂在景区北边，为传统四合院民居形式。进门有李清照塑像，手持书卷，厅内展出了名人书画及李清照词作。

景区的西南角有一处园中园，万竹园，因园内多植竹子而得名。园内有木雕、石雕、砖雕之"三绝"，又有亭台楼阁轩榭等建筑，自有一派江南庭院的风韵。

三仙山地万象集

烟台三仙山景区是一个集自然风光、园林艺术和传统文化于一体的游览胜地。整个三仙山景区由三和大殿、蓬莱仙岛、方壶胜境、瀛洲仙境、瀛洲书院、珍宝馆、玉佛寺、十一面观音阁、万方安和等景观组成，其中古典建筑上百座，构成了一个庞大的建筑群。

景区的建筑风格融合了北方皇家园林的雄伟和南方私家园林的秀丽，展现了中国古典园林艺术的精华。景区内有108吨重的整玉卧佛、72吨重的整玉立观音、260吨重的十一面观音等珍贵文物。珍宝馆内珍藏了大量国家级艺术品，包括石雕、木雕、铜雕、漆雕、玉雕、碑雕、瓷雕等，以及古今名人笔墨等藏品。

烟台三仙山景区继承并弘扬了中国传统的儒家、道家、佛家思想，众多建筑和丰富的人文收藏与自然风光

烟台三仙山景区：从岸边眺望蓬莱仙岛

等诸多亮点,成为展现浪漫的中国传统建筑、园林和工艺等艺术设计的展示窗口。

似真似幻蓬莱阁

蓬莱是中国古代神话中的神山,相传渤海的神仙居住在蓬莱。作为以神仙之地命名的蓬莱位于山东半岛最北端,濒临渤海、黄海,其所在地的古登州港是连接海外交通的重要港口,是古代海上丝绸之路的起点。烟台蓬莱阁是"中国古代四大名楼"之一,拥有丰富的神话传说和故事,八仙过海的传说与蓬莱阁紧密相连,相传

八仙在蓬莱阁上饮酒后,各显神通,漂洋过海。

蓬莱阁位于临海口的丹崖山顶,拥有绝佳的视野和得天独厚的地理位置,还拥有"海市蜃楼"的奇观。北宋文学家苏轼在任登州知州期间,曾两次登临蓬莱阁,并写下了《望海》《海市》等著名诗文,表达了对海市蜃楼奇观的向往和赞叹,因此其自古就是文人墨客的雅集之地,留有楹联、碑文、刻石等各种诗词墨迹。蓬莱阁古建筑群更是集蓬莱阁、天后宫、龙王宫、吕祖殿、三清殿、弥陀寺等诸多建筑于一体,形成规模庞大的建筑群。

蓬莱阁的主体建筑始建于宋嘉祐六年(1061年),采用双层木结构楼阁式建筑,高15米,坐北朝南,底层有四面回廊和明柱,二层则有木栅格扶栏和木屏风。天后宫供奉海神林默,是一座四进院落的庙宇。龙王宫原位于丹崖极顶,后迁至现址,由正门、前殿、两厢、正殿和后殿组成,主要供奉东海龙王。吕祖殿供奉吕洞宾,由重门、正殿和东西两庑组成。三清殿供奉元始天尊、灵宝天尊、道德天尊,始建于唐开元年间。观澜亭位于吕祖殿东庑南端,是观赏海景的地方。弥陀寺位于

丹崖山上的蓬莱阁建筑群

蓬莱水城：蓬莱阁所处的丹崖山下有一处水城与之紧密相连，水城建于明洪武年间，设置城墙、水门和码头，以及炮台等军事设施，因主要用来抗击倭人来袭，又称"备倭城"。

丹崖山南麓，是庙宇式建筑。

蓬莱阁庙会是胶东地区重要的民俗活动，每年农历正月十六，人们聚集在天后宫进行庆祝活动。蓬莱阁不仅是一处风景名胜，更是中国传统文化的重要象征，当地流传的众多神话传说和故事，体现了人们对美好生活的向往和对神秘仙境的好奇探索。

华清池水洗凝脂

骊山是秦岭北侧支脉，因山势远望如骏马，因而得名，骊山晚照是著名的"关中八景"之一。骊山景色宜人，温泉频出，自西周时就成为皇室构建离宫别苑的好去处，已有三千多年的历史。华清池，也称为华清宫，位于骊山北麓，临渭水，也

西安华清池：华清池是由诸多宫殿建筑和园林所组成的庞大建筑群，除了奢华的宫殿建筑之外，还设有梨园，这是中国第一所由皇家主持可进行音乐、舞蹈、戏剧演出和教学的场所

公共园林——山高水长入园来

是历史悠久的温泉胜地,周、秦、汉、隋、唐等历代帝王都在这里修建过行宫别苑。华清池自古以来就因其温泉而闻名,冬天还可以利用温泉水取暖。周幽王在此地修建离宫,并因烽火戏诸侯的历史典故而知名。华清池是唐明皇(唐玄宗)和杨贵妃的心爱之地,据记载他们每年十月到此居住,第二年春天才返回。

华清池园区内的九龙湖与芙蓉湖,是景区的水面风景,建筑群依骊山而建,傍水而居,有各式楼台亭榭,如朝元阁、长生殿等,各具特色,充分利用了自然地形,形成了山水相映的园林景观。温泉是华清池的核心特色,古建筑群中的许多建筑都围绕温泉设计,有多处当年的御汤遗址,包括莲花汤、海棠汤等不同功能的汤池,展示了唐代皇家的沐浴文化,也显示出温泉在古代皇家生活中的重要作用。华清池的宫殿建筑沿中轴线布局,严谨对称,体现了中国古代宫殿建筑的典型特征。飞霜殿是华清池的标志性建筑之一,相传因温泉蒸汽在冬天凝结成霜而得名,是唐玄宗和杨贵妃的寝殿。华清池的园林设计融合了山水、植被和建筑,形成了一步一景、景随步移的效果。环园建筑群,如环园五间厅,展现了江南园林的雅致与小巧。

华清池内保留有大量历史遗迹,如烽火台、兵谏亭等,也流传着历代帝王在此居住的故事,有着浓厚的文化底蕴,再加上骊山与温泉的天然地理优势,使这里成为驰名中外的自然公共园林也是一种必然。当人们穿行在此,可以感受到雄浑的山水之势,也可以想象曾经作为帝王别苑的繁盛景象。

惠山云起现美景

无锡惠山古镇是一个历史悠久、文化底蕴丰富的地区,其历史可追溯至新石器时代,是无锡先民的聚居地。南北朝时期惠山寺的建立,也

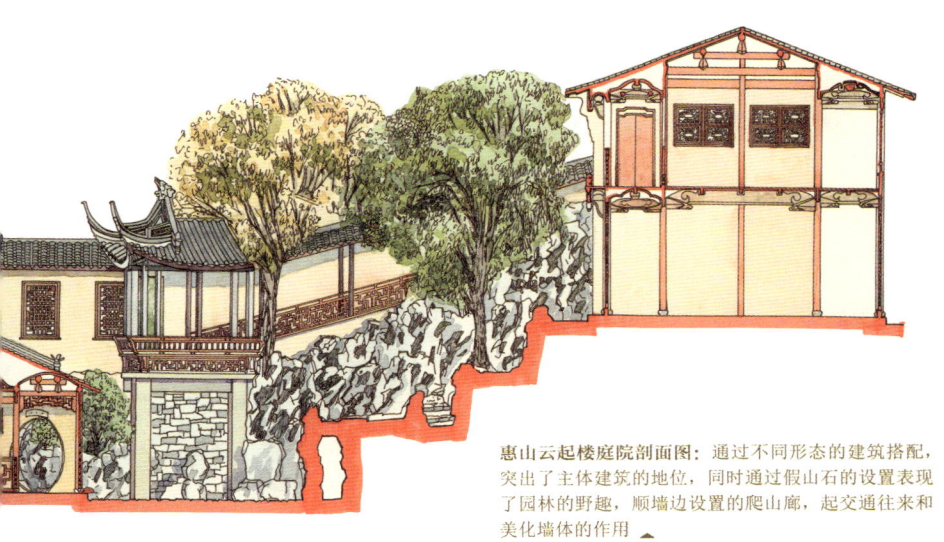

惠山云起楼庭院剖面图： 通过不同形态的建筑搭配，突出了主体建筑的地位，同时通过假山石的设置表现了园林的野趣，顺墙边设置的爬山廊，起交通往来和美化墙体的作用

标志着惠山开始营建园林。作为禅宗道场，惠山寺历史上香火旺盛，高僧众多，因此修造工作历朝都有，云起楼最初就是惠山寺的僧房。云起楼依山而建，位于惠山寺大雄宝殿的南侧，建于清代康熙年间，采用砖木结构，木雕工艺精细，保存了清代的原貌。根据清代诗人姜宸英的诗句"山取腾踔如龙，楼取变化如云"而得名"云起楼"。云起楼因其地势较高，故成为观赏锡山及惠山寺园林景色的绝佳地点。在云起楼下的山坡上，也依山势设置了曲廊和假山等园林景观，使在这里登楼远望时可看到山寺连绵的壮观景色，且与锡山龙光塔互为对景。低头近处也有人工布置的山石、泉水和曲廊相依的江南园林趣景。

在惠山地区唐代"天下第二泉"的发现，使这里成为旅游胜地，明代愚公谷、寄畅园等园林的建立，以及清代潜庐和大量祠堂园林的兴建，都为惠山留下了丰富的自然和人文景观遗产。山下的惠山古镇由秦园街、绣嶂街和上、下河塘等老街围合而成，也拥有众多明清以来的祠堂建筑群和花园，综合展示了寺庙文化、茶泉文化、古典园林、书院文化、祠堂文化等多种文化形态。

望海楼上忆往昔

　　江苏省泰州市的望海楼是一座历史悠久且具有深厚文化底蕴的古建筑,始建于南宋理宗绍定二年(1229年),初名海阳楼。望海楼历经多次毁建,明嘉靖二十八年(1549年)毁于大火后重建,并改称望海楼。清康熙年间再次重建,更名为靖海楼,到了清嘉庆年间重建后,又更名为鸣凤楼。2006年,泰州政府重建望海楼,名字沿用古代的望海楼。望海楼曾是泰州传统文化的中心,泰州在宋代先后走出了晏殊、吕夷简、范仲淹、韩琦、富弼五位宰相,因此有许多文人墨客来此赋诗作文。

　　重建的望海楼采用了宋代的建筑风格,体现了宋代建筑艺术的特点。建筑的主体色彩采用栗壳色和青灰色,展现出古朴典雅的风貌。外观为三层环廊设计,提供

了全方位的观景视角。望海楼不仅是一座建筑物，更是泰州文化的象征，承载着丰富的历史和文化意义。望海楼还成为泰州传统文化活动的中心，节日时会有丰富的民俗文化表演。在重建过程中，发现了宋朝泰州城的地下排水设施及大量文物，具有重要的考古价值。

玉屏云海涌

泰州望海楼

玉屏楼是黄山风景区中心景区的一座著名建筑，位于天都峰与莲花峰之间，海拔1716米的玉屏峰就是其后，并因此而得名，是观赏黄山奇景的绝佳位置。

玉屏楼前身为文殊院，明代普门和尚于1613年修建，历史上曾多次被大火烧毁。玉屏楼是一处极佳的观景点，提供了观赏黄山壮丽景色的多个角度。玉屏楼右侧的迎客松是黄山的标志性景观，以其一侧枝丫斜伸出，如同欢迎游客的姿态而闻名。玉屏楼后方即是玉屏峰，著名的玉屏卧佛景观就在峰顶上，峰石上刻有毛泽东草书"江山如此多娇"，朱德、刘伯承等元帅也曾在此题词作诗。天都峰位于玉屏楼左侧，是黄山的著名高峰之一，以其险峻和雄伟著称。莲花峰是黄山最高的山峰，从玉屏楼可以远眺莲花峰的壮丽景色。文殊台位于玉屏峰前，是一个巨大的石平台，提供了开阔的视野，可以观赏到黄山的云海

公共园林——山高水长入园来

黄山玉屏楼：这种设置在险峻山峰间的建筑，不仅具有服务功能，本身也成为山峰上的一道风景

和奇峰。

玉屏楼是观赏黄山云海的绝佳地点，尤其是南海（前海），云海变幻莫测，非常壮观。玉屏楼周边有许多形态各异的奇石，如"松鼠跳天都""金鸡叫天门""五老上天都"等。玉屏楼也是观赏黄山日出和日落的绝佳地点，玉屏楼的建筑造型如天上的琼楼玉宇，左有"狮石"，右有"象石"，形成"青狮白象守文殊"的天然福地。

陶然亭下赏名亭

北京陶然亭是一座历史悠久的公园，它的前身可以追溯到元代的慈悲庵，至今其仍是陶然亭公园的重要组成部分。清康熙年间，时任工部郎中的江藻在慈悲庵内建立了陶然亭，亭名取自唐代诗人白居易的诗句，意为"心醉"。从清康熙至道光年间，陶然亭成为北京城内文人必游之地，许多文人墨客在此留下诗文作品。1952年，陶然亭进行全面整修并辟为公园，成为北京最早兴建的一座现代园林。

　　作为公园的标志性建筑，陶然亭是清代名亭，也是中国四大名亭之一，近代历史上许多著名爱国志士如林则徐、龚自珍、秋瑾等常来此地，也是许多革命活动的发生地。整个公园以中心湖泊为主，湖中心岛上是慈悲庵和陶然亭，成为整个公园的中心景观。陶然亭建筑体量较大，面阔三间、进深一间，亭内和亭外均有林则徐、谭嗣同、郭沫若等近代名人题记的匾额和石刻，成为园林中特色的人文景观。

　　陶然亭东与中央岛揽翠亭相对，北与窑台隔湖相对，西与云绘楼、抱冰堂等建筑对景。云绘楼与清音阁这两组古建筑原位于中南海，后迁移至陶然亭公园，增添了公园的古典美。园内西南侧有华夏名亭园，集中仿建了如醉翁亭、兰亭、鹅池碑

北京陶然亭俯瞰图

亭等中国六省九地的知名历史名亭，公园内的亭台建筑多样，各具特色，如亭、轩、阁等，展示了中国古典建筑的精致与优雅。

陶然亭公园的园林布局精巧，结合了自然景观与人文景观，湖光山色与古建筑相映成趣。公园内布局明确，以湖心岛为中心环绕设置不同景观区域，园内环境清幽，绿树成荫，难得是城市中的一处自然、人文景观俱全且历史悠久的公共园林，为人们提供了一个放松身心的好去处。陶然亭公园四季皆有美景，春天的花卉、夏天的绿意、秋天的红叶、冬天的雪景，因此吸引了众多游客。

红楼一梦大观园

北京大观园是一座以中国古典文学名著《红楼梦》中记叙的贾府为蓝本建造的仿古园林，位于北京市西城区西南隅护城河畔。大观园由红学家、古建筑家、园林学家和清史专家共同商讨设计，1983年为拍摄同名电视剧建造，电视剧拍摄完成后，于1986年对公众开放。

大观园的建筑和园林设计忠实于《红楼梦》原著的描述，园内景观包括庭院建筑、自然园林、佛庵和殿宇，共有40余个景点，如怡红院、潇湘馆、蘅芜院、滴翠亭、栊翠庵等。位于大观园南端的正门入口处，是一座用太湖石叠砌而成的假山，体现了中国古典园林"开门见山"的特色。怡红院是贾宝玉的住所，院中两侧分列芭蕉、海棠，小桥在外侧，三开间的垂花门楼，四面是抄手游廊，五间正座，三间抱厦，东西各有配房三间。潇湘馆是林黛玉的住所，院中种有竹子，墙壁、窗户上描画着翠竹，采用冷色调的"斑竹座"技法，体现黛玉的性格。

北京大观园

　　沁芳桥位于中轴线上,是连接东西建筑群的咽喉之地,桥上建有沁芳亭,有联题:"绕堤柳借三篙翠,隔岸花分一脉香"。栊翠庵是妙玉的住所,院中花木种有红梅、七叶树,北屋是佛堂,另有东禅房和西耳房。殿宇区是元妃省亲活动的主要场所即省亲别墅,有玉石牌坊高8米、宽11米,宏伟瑰丽,正殿后为大观楼及东西配楼。

　　北京大观园是文学名著场景的实景再现,根据中国古典文学名著《红楼梦》中的描述而建造的,具有浓厚的文学背景和艺术氛围。园内的建筑、山水、植物等都力求忠实于原著的描绘,体现了中国古典园林的美学特点和造园艺术,而且每个景点、景观在原著作品中都有其独特的文化内涵和故事,也因此使实际中的园内景观层次丰富。游人身处其中,每座建筑院落、每个园林景观,在原著中都有对应的场景和故事,耐人寻味,极富有参观的乐趣。

社稷地中山园

北京中山公园的历史可追溯至辽金时期，当时这里是兴国寺。元代时，兴国寺被扩建并更名为万寿兴国寺。明成祖朱棣在此处建立了社稷坛，成为明清两代皇帝祭祀土地神和五谷神的地方。1914年，北洋政府内务总长朱启钤主持将社稷坛改为公园，并向公众开放，初称中央公园，成为北京第一座向公众开放的皇家公园。1925年，孙中山先生逝世后，曾在此停灵，1928年为纪念孙中山先生，中央公园更名为中山公园。

中山公园的建筑和景点丰富多样，以中轴线上的社稷坛和拜殿为主体建筑。社稷坛为正方形平面的三层露天祭坛形式，由汉白玉砌筑而成，坛四周建四色琉璃墙，东蓝、南红、西白、北黑，与墙体对应的四面各设汉白玉棂星门。平台上按照中黄、东青、南红、西白、北黑的顺序铺设各地进贡而来的五色土，以象征天下及五行。

社稷坛正北，中轴线上设面阔五间的拜殿建筑。社稷坛的东面有长青园，西面有神厨、神库和宰牲亭等附属建筑。社稷坛不仅是明清两代皇帝举行祭祀活动的重要场所，也是北京城市文化和历史的重要象征。

这些建筑不仅具有历史价值，也是公园的重要组成部分。公园内的古树名木以柏树为主，其中包括辽代兴国寺遗物的古柏，被称为"辽柏"，是北京有记载的最古老的柏树之一。此外，还有槐柏合抱等独特的古树景观。

西山塔影香山园

北京香山公园位于北京西山山脉东部，是一座具有近900年历史的皇家园林，不仅以自然景观著称，更有着深厚的历史文化底蕴。自金大定二十六年开始，元、明、清各朝代皇家均有在此建设离宫别院。清乾隆年间，皇帝在此建成名噪京城的二十八景，并赐名静宜园，当时这里是接待班禅喇嘛的行宫所在地，香山寺也成为京西寺庙之冠。

中山公园全景鸟瞰图

香山静宜园是一座历史悠久的皇家园林，辽代已有建筑，金大定二十六年（1186年）建成大永安寺。清代在香山寺附近营造行宫，并在乾隆年间修造形成二十八景。乾隆十二年（1747年）香山行宫更名为静宜园。静宜园以山林景观为特色，包括勤政殿、丽瞩楼、虚朗斋、璎珞岩、翠微亭、青未了亭等多处景观。静宜园是北京皇家园林中唯一的纯山地园林，以自然地理特点成为整个西郊离宫群的组成部分之一。

香山有一座昭庙，全称宗镜大昭之庙，是一座具有重要历史和文化价值的藏传佛教格鲁派寺院。昭庙始建于清乾隆四十五年（1780年），是为了迎接六世班禅额尔德尼来京向乾隆皇帝祝贺七十大寿而建，因此也被称为班禅行宫。昭庙位于香山公园内，地处半山，坐西向东，原为清室皇家的鹿园。昭庙是一座典型的汉藏结合式建筑，其布局和形制参考了西藏日喀则的扎什伦布寺。

香山昭庙的琉璃塔是北京香山公园内一处非常著名的古建筑，与昭庙同时期建造，也是为了迎接六世班禅而建。琉璃塔位于昭庙的后山上，是园内唯一的宝塔。塔为八角形，七层，高约30米。塔身实心，外仿木结构，外层用黄、绿、紫、蓝各色琉璃构件砌成。塔顶安放有黄色琉璃宝塔，塔身为黄绿琉璃装饰，层层檐端缀有铜铃，风起时铃声清脆而悠远。琉璃塔不仅是昭庙的组成部分，也是汉藏文化融

北京香山静宜园

香山琉璃塔

碧云寺全景图

合的象征，展示了清代中央政府与西藏地区的紧密联系。琉璃塔由于材质的原因保存完好，成为香山公园内重要的历史遗迹。

香山碧云寺是一座拥有近七百年历史的寺院，其建筑代表了明清两个时代的特点。碧云寺始建于元至顺二年（1331年），原名碧云庵，清乾隆皇帝对其进行了大规模扩建，新建了罗汉堂、金刚宝座塔和水泉院。寺院依山而建，坐西朝东，整个布局以中轴线上的六进院落为主体，南北各配一组院落。山门殿是第一进院落，内有两尊金刚力士塑像；弥勒佛殿是第二进院落，存有明代铜铸弥勒佛像；大雄宝殿是第三进院落，是碧云寺的正殿，殿内的塑像群反映的是佛祖释迦牟尼讲经说法的场景。金刚宝座塔位于寺院最后，是清代的代表作品，也是国内最高的金刚宝座塔。罗汉堂为仿杭州净慈寺罗汉堂而建，室内供奉着罗汉像508尊，是国内仅存的木质贴金罗汉像。水泉院因"卓锡泉"而得名，是将园林景观和居住殿堂融为一体的皇家行宫建筑。孙中山纪念堂原为普明妙觉殿，孙中山先生逝世后曾在此停灵。

碧云寺是集中了明、清两代建筑与宗教文物的地方，具有极高的历史、艺术和文化价值。碧云寺环境清幽，每年秋天是赏秋的绝佳场所。

红楼水乡再观园

上海大观园是一座以《红楼梦》为蓝本建造的古典园林，位于上海市青浦区，始建于1978年，位置靠近淀山湖，因此是一座带有南方园林风格的综合性园区。

整个园区以大门、体仁沐德、大观楼为中轴设置中心建筑群，而园内十多组建筑，二十多个景点则以大湖为中心，围绕水岸边设置，相互之间还有池塘、溪流构成水系穿插于建筑之中，湖边设亭、榭，湖中设曲桥、石舫、石灯。园内的植物配置丰富，植有包括香樟、水杉、池杉、竹子、银杏等在内的古树名木。

大观园的建筑群采用明清时期的园林建筑风格，作为园区的主体建筑，大观楼体现了皇家园林的宏伟与壮丽。怡红院是贾宝玉的居所，设计上反映了他的性格特点，院内种植有海棠和芭蕉。潇湘馆是林黛玉的居所，被竹林环绕，体现了她孤高自许的性格。蘅芜院是薛宝钗的居所，院内布置清雅，有鸳鸯厅和玲珑大假山。栊翠庵是妙玉修行的地方，设计上显得灵巧端秀、清净典雅。稻香村是李纨的住处，展现了她淡泊和朴素的生活。秋爽斋是探春的住处，建筑高阔疏朗，室内布置文雅。紫菱洲是贾迎春的居所，由两座相同式样的建筑

通过曲桥连接。体仁沐德是元妃省亲时更衣休息的地方，室内布置喜庆。梨香院是梨园弟子的住处，也是薛蟠、宝钗和其母薛姨妈的居所。春波华舫是一座石舫，适宜观水色，有楹联赞美其景致。

上海大观园虽然和北京大观园一样，都是以《红楼梦》为蓝本建造的园林，但存在一些区别。上海大观园位于郊区，利用江南水乡特点，在园中布置了大面积人工湖泊，以大湖为中心，以主次分明的水系为脉络布局各个景观点位，各景点设计融合了江南园林的精致与典雅，在红楼主题之下，追求园林的意境和景观游览效果，因此有自己独特的景观特色，而不像北京大观园的景点设计以贴近和再现原著为主。

上海大观园全景图

上海大观园潇湘馆：位于园区东南部，作为林黛玉的居所，园内绿植以竹子为主，突出丛林茂竹、建筑掩映其中的景观效果。

古往今来竹猗猗

上海古猗园是一座拥有五百年历史的古典园林，始建于明代嘉靖年间，由擅长竹刻、书画、叠石的朱稚征设计配置，园内广植绿竹。到了清乾隆年间进行了大规模的重修和改建，园名取自《诗经》中的"绿竹猗猗"，一直沿用至今。古猗园在历史上经历了多次破坏和重建。尤其在1932年"一•二八"事变中，园子遭到严重破坏，后由当地爱国人士集资进行了修复，并新建了补阙亭（缺角亭），以此表达抗日决心。

古猗园的建筑群保留了明清时期的江南园林建筑风格，由猗园、花香仙苑、曲溪鹤影和幽篁烟月四大景区组成，具有典雅、朴素、精致的特点。园内广泛种植各类竹子，如佛肚竹、紫竹、龟甲竹等，这些竹子点缀在建筑、道路和景点周边，一起构成优美的景观区域,并形成了独特的造园艺术。园中以一个独立的鹅池为中心,另有一条狭长的溪流与池塘相接,在园区内形成蜿蜒的水系效果。园区内亭台楼阁多临水而建,与水景相互映衬,体现了江南园林的典型布局。园内有多处特色建筑,如微音阁、不系舟(石舫)、白鹤亭等,每处都有其独特的历史背景和文化意义。园内的建筑上挂有众多的匾额、楹联和碑刻,反映了丰富的文化内涵和历史价值。

园内除各式竹子之外,还拥有众多古树名木,如500年的古盘槐,为园内增添了历史的厚重感。园中的小路以花石铺就,路面的花纹图案因周围的景观变化而变化,铺地与景观相得益彰,增添了园林的变化和美感。园内建筑的命名和楹联富有诗意,对所处景观有总结、点景和增加趣味等作用,如逸野堂、不可无竹居等,体现了文人墨客的审美情趣。

上海古猗园

墨仙谷

灵山望仙谷

望仙谷是位于江西上饶市望仙乡的一处自然景区,属于灵山山脉,地处低山丘陵地带,地势西南高北东低,最高点为灵山主峰天梯峰,海拔1496米,最低点为九牛大峡谷,海拔121.5米,区域内地势落差较大。望仙谷属于亚热带季风气候,全年温和湿润,因此水资源丰富,动、植物种类繁多,拥有丰富的自然景观和深厚的文化底蕴。

望仙谷的自然景观包括雷打石、三口锅、望仙瀑、三叠水等,主要是以受地理和气候因素影响的巨石、瀑布为主形成的景观,其中还蕴含着神话故事。如雷打石是一块巨大的花岗岩,传说是雷神惩罚山中怪物时留下来的。在自然景观区的峭壁上,后建有玻璃栈道等人工设施,供游人登临和穿行。

望仙谷下的古镇有老街,街边有杨府、胡氏宗祠、三神庙等古建筑,多建于明清时期。建筑保留了赣东北地区的传统民居特色,如青砖黑瓦、马头墙、天井、花格窗等。建筑中木雕、砖雕、石雕工艺精美,雕刻内容涵盖人物、故事、花鸟、虫鱼等,展现了丰富的文化内涵,极具参观价值。古镇中还有鸣蝉巷、醉仙街等文化街区。

望仙谷的天心禅寺位于圆山峰绝顶,创建年代不详,因清康熙御书"天心禅林"的匾额而得名,是一处历史悠久的佛学教习寺院。

望仙谷的建筑与周围的自然景观如瀑布、峡谷、山峦等相得益彰,形成了一幅美丽的自然山水画卷。因为山地丘陵地带较大的地势落差,使这里的山水都极具动态,自然景观视觉效果非常迷人。又因为望仙谷隐于灵山山脉之中,清幽的峡谷、变化的地势、动感的瀑布和点缀其中的古建筑,使这里仿佛世外仙境。

第一长联大观楼

大观楼位于昆明市西南方向的滇池北岸,和太华山隔水相望。明代黔国公沐英曾在此训练水师,因此修建园林,用于休息。清康熙二十一年(1682年),有僧人在此开坛讲授《妙法莲花经》，吸引听者众多，因此集资修建观音阁，成为滇池岸边的一道风景。在此基础上，修建了一座二层楼阁以便于登高观景，因楼对面的滇池风光蔚为壮观，故名大观楼。

大观楼建成后，以楼为主题，在周围又相继营建涌月亭、澄碧堂、华严阁、催耕馆等建筑，初步形成了大观楼景观区。道光八年（1828年），大观楼扩建，被增高为三层，从此成为一处可以登高远望周边景观的高点，吸引诸多文人墨客云集于此，吟诗作赋。民国时期滇系军阀唐继尧，拨款重修大观楼，把附近的私家园林并入其中，改为公共园林。

大观楼楼址为一卵形小岛，岛外筑长堤，堤内形成环洲池沼。岛北有大理石修造的近华浦亭，黄琉璃瓦顶，在湖光山色中造型轻盈，色彩明丽，与岛南尽头的大

观楼形成对景。

大观楼对面有揽胜阁，楼阁之间有观稼堂、涌月亭，点缀假山曲径，竹树花草，最具园林景观特色。自主楼向西，有长廊连接牧梦亭、催耕馆，直达临水茶榭。各种建筑小品与曲径、花木一起形成紧凑的节奏变化，而景观区的高低起伏始终以大观楼为最高，衬托出三层亭阁式主楼更加高大的形象。大观楼攒尖黄琉璃瓦屋顶，造型舒展、大气，与远处的山色、湖光，近处的树影、园景相映。楼高三层，楼上两侧开窗，登楼可远眺滇池风光，可近观园林趣景。

大观楼最引人注目的，也是最具历史感和文化感的，就是门前的一副长联：

上联是：五百里滇池，奔来眼底。披襟岸帻，喜茫茫空阔无边。看东骧神骏，西翥灵仪，北走蜿蜒，南翔缟素；高人韵士，何妨选胜登临。趁蟹屿螺洲，梳裹就

俯瞰滇池与大观楼：大观楼所在的景观区又被称为近华浦，虽然大观楼在清代才建成，却因当地文人孙髯所做的超长对联而声名远播，吸引各地文人在此地留有题匾和楹联，成为一处重要的文化景观

风鬟雾鬓。更苹天苇地，点缀些翠羽丹霞；莫辜负：四围香稻，万顷晴沙，九夏芙蓉，三春杨柳。

下联是：数千年往事，注到心头。把酒凌虚，叹滚滚英雄谁在？想汉习楼船，唐标铁柱，宋挥玉斧，元跨革囊。伟烈丰功，费尽移山心力，尽珠帘画栋，卷不及暮雨朝云；便断碣残碑，都付与苍烟落照。只赢得几杵疏钟，半江渔火，两行秋雁，一枕清霜。登楼望滇池风光，见西山胜景，联系长联内容，别有一番心境。

此联产生于清乾隆年间，作者是当地文人孙髯，全联共一百八十个字，成为中国第一长联。上联用简洁凝练的语言描绘出滇池诗画般的风景，下联又以凄婉悲凉的笔触，道出仕途没落忧国忧民的心情。长联问世后，使大观楼声名远播，历代有名士手书刊刻此联，置于楼中，为大观楼增添了无限意境，成为大观楼著名的文化景点。

赏枫佳处爱晚亭

长沙的爱晚亭位于岳麓山的清风峡中，始建于清乾隆五十七年（1792年），由当时的岳麓书院山长罗典创建，最初名为红叶亭，后据唐代诗人杜牧的《山行》诗句"停车坐爱枫林晚，霜叶红于二月花"，由湖广总督毕沅更名为爱晚亭。

爱晚亭是一座典型的中国古典园林式亭子，东西两面亭桎悬挂红底鎏金"爱晚亭"匾额。

爱晚亭采用重檐结构，分上下两层，亭顶覆盖着绿色的琉璃瓦，为攒尖宝顶设计，各层的檐角都向上高高翘起，使得亭子看起来气势高亢。底层由内外两层，共八柱支撑，亭内的四根支柱涂以丹漆，这是中国古建筑中常见的做法，既防腐又具有装饰效果。外檐柱四根，均由整条方形花岗石加工而成，坚固耐用，同时体现了自然材质的美感。亭前石柱上刻有对联，由罗典撰写，增加了亭子的文学气息。亭内装饰有彩绘藻井，增加了亭内的装饰性和艺术感。爱晚亭坐西向东，三面环山，东向开阔，亭前近景设置池塘，与亭子相映成趣，远景则可居高俯瞰山景。

岳麓山爱晚亭

山水画卷楠溪江

楠溪江是浙江省东南部瓯江下游北侧的最后一条支流,是浙江省东南部的水系动脉。楠溪江流域处于火山岩丘陵地区,上游地区千米以上的山峰不在少数,下游地区则为大片的冲积平原。充沛的水源与温润的气候,使得楠溪江流域风景如画,尤其是中游盆地最为繁华、富庶,早在唐宋时期就已经在沿江两岸形成较大的聚居区,岩头村、港头村、芙蓉村、苍坡村等很多古村落都聚集于此,将唐、宋、元、明、清各朝代的古风遗存传承下来,使今人有机会一窥中国古代乡土建筑的文化面貌。

楠溪江山灵水秀，历史文化悠久，西晋末年，中原动乱，南渡的中原士族带来的北方文化融合了当地文化，成为楠溪江的文化体系的基础。东晋时，楠溪江地区更是成为如书法家王羲之，《三国志》注者、刘宋史学家裴松之，刘宋诗赋家孙绰，骈文体文学家丘迟，以及在此担任官职被喻为中国第一位山水诗人的谢灵运等众多文人仕族为官游居的地方。南宋是楠溪江文化发展的高峰期，宋朝皇室偏安江南一隅，带动了江南经济的繁荣发展，此时楠溪江地区重视教育，为官者众多，促进了当地的文化发展。

楠溪江沿岸居民在传统的宗法制度和崇文重科举的氛围之下，形成了有耕有读，注重文风传统的乡村生活。耕读生活培养出的知识分子，是雅言文化的代表，他们中有人出仕为官，有人行商，有人掌握宗族权力，有人则隐居读书，还有的在乡间教塾，但都对研学教学和保持本地区的文化传承抱有极大的热忱，并积极行动着。楠溪江村落浓厚的文化气息，对此地注重文人和文化教育的整体社会氛围起到了主要作用。这也造就了楠溪江村落建筑富有文化气息的特色，以及在民俗文化中表现出来的雅士文化，和在体现伦理与秩序的正统庄肃之中，流露出的自然与恬

苍坡村布局图

苍坡村村口俯瞰图

◀ 苍坡溪门

淡,亲切和人情味。

  苍坡村因位于山脚下的坡地上而得名,传统建筑大多沿袭于南宋,村落的始建、迄址规划也在此时。苍坡村西面有笔架山,山形似火焰,以阴阳五行分析,在这里建村必然失火,为了克火,在村子的东侧建长条形水池,作为防火隔离带,并于村的四周开渠引溪,引北方的"水"来环抱苍坡村,以达到水与火平衡的效果。但乡民并不满足风水的释义,于是又利用"笔架山"这一名称,以文房四宝这一主题对村落进行整体规划布局。将对准笔架山凸凹的地方作为村子的中心,建一条笔直的街道,象征"笔",在笔街中段的一侧,平放一个大型条石作为"墨"块。墨块旁边就是村南占地面积最大的水池为"砚",整个村落的用地为方形,即为纸。这样一来"笔墨纸砚"样样俱全,村落即是一整篇文章,把村落的文化氛围烘托到极致,以期村中人才辈出。

  苍坡村崇文尚仕的民风是整个村落文化的主流,这影响着村落体

公共园林——山高水长入园来 **237**

系的形成。提到苍坡村村落体系，就不能不涉及村落的公共园林，它是苍坡村村落体系的重要组成部分。

苍坡村的园林以东池和西池为构图中心，两处水面都呈长方形，两池之间有断断续续的水面相连。狭长的东池位于村落的东部，也是村落主要的水源。池北建一座水月堂，建筑墙体的下半部完全用石砌，整个建筑沉浸在水中，墙旁边翠竹丛生，青绿可人，透出一派自然且雅致的文士气息，同时又具有浓厚的乡野自然情趣。

从水月堂沿池南行，在村落东南、水池的拐角处立宋式望兄亭一座。望兄亭建在三米多高的寨墙上，歇山屋顶，亭柱为典型的宋式"侧脚"做法。在望兄亭的南面为方巷村，村口建送弟阁遥相呼应，宛如情深似海的兄弟。望兄亭建于1128年，由苍坡村李氏第七世祖李秋山所建，相传李秋山与弟弟李嘉木兄弟情深，之间的互访频繁，为了不在晚归时让对方担心建造了望兄亭和送弟阁，每当两人晚归回村，

苍坡村望兄亭

就在各自的亭阁中挂上灯笼,以报平安。因此这两座亭阁不仅是乡间建筑,更是兄弟间友爱和礼让的象征,体现了中国传统文化中"悌"的内涵。望兄亭与西侧的仁济庙、大宗祠、车门一起构成了苍坡村重要的公共活动中心,是村民社交和文化活动的重要场所。望兄亭的故事是苍坡村文化传承的一部分,它见证了李氏家族深厚的宗族情感和对传统价值的尊重,至今仍然是村中后人遵循和学习的典范。亭子底部四周有美人靠供人休息,是村中的公共休息与交流场所,村民在一起谈古论今话家常,也成为村落中最动人的人文景观之一。

楠溪江村落的水系有两种形式,最常见的一种是将水系与村落街道统一规划,沟渠设在村中主街道一侧,流经整个村落,并在村落各处汇聚成许多小池,可供村民洗涤。这种深入村落中的沟渠不仅解决了内部用水问题,也有调节村落小气候、组织景观的作用。

另一种水系是引水到村中某一处聚集成较大的水面,选址常常位于村落的一角,聚集成池,池岸营构庙、亭堂、桥等公共建筑,进而形成人造的村落水景公共园林。

位于楠溪江中游的岩头村是楠溪江中游盆地中最大的古村落,它创建于南宋初年。岩头村的水系呈网络状分布,不仅沿村落的街巷设置,还绕村而行。村东南有丽水湖、进宦湖、智水湖、镇南湖,园林部分和苍坡村相似,也位于村落的边缘。

岩头村平面状如马蹄形,园林部分就在马蹄弧形的转角处。它的园林主要由丽水街、丽水桥、接官亭、戏台和塔湖庙等村落公共建筑围合而成,具有当地民居建筑特色。同时,为了体现园林风格,在建筑的造型、材料上还是做了适当的变化,风格轻盈灵活,既与村落民居建筑有所区别,又体现园林建筑造型注重视觉效果的特征。

芙蓉村位于楠溪江中游西岸,要进村子只有经过寨门,而寨门则体现出很强的防御性特征。最具代表性的东门是一座三开间两层的楼阁式建筑,这在偏僻的村庄中是很少见的,现在,带有防御性的两扇闸门早已不知去向。东门内连接的主街通往村子的中心,在主街的左侧有一方清亮的水池,水池一面临街,另外三面在粉墙

芙蓉村芙蓉亭周边景观

的衬托下，显得分外生动，水池的正中有一个玲珑的亭子，称为芙蓉亭。水池的南北两岸都有石板桥通向亭子。芙蓉亭是两层的楼阁式建筑，底层一圈设美人靠，村民们可在这里抽烟、休憩，远处的芙蓉峰倒影在池中，芙蓉池的如画景色独具一份乡间特有的闲适感。

优越自然环境之下的灵山秀水间，孕育出淳朴、雅致，文气十足的乡土文化，两者相互融合、相互渗透，从而造就了楠溪江一方灵秀山水和人文气息浓厚的建筑空间。

地灵人杰徽州园

徽州古典园林起源于南宋。南宋皇室南迁至临安（今杭州），此后这里成为南宋政治、经济、文化的中心，徽州与之相邻，各方面都深受杭州影响，文人气息浓厚的造园意识也渐渐在这一时期从杭州传入。

徽州以徽商著称，尤其明清时期徽商称雄江南，他们回到家乡，造福村庄，不仅修建自己的宅、园，并且还赞助公共事业，其中就包括修造公共园林。得天独厚的自然条件、丰富悠久的历史文化、雄厚的经济基础共同成就了风格独特、以精致和文雅著称的徽州古典园林。

根据园林的营建者和园林的性质，徽州园林大致可分为私家园林和村落公共园林两大类。私家园林多为徽商在自家的住宅旁或宅后营建的花园，是家宅的附园，也称后花园，是徽州园林的精华部分。

黟县碧山村的培筠园是徽州遗存的最古老的园林，据有关文献记载，该园始建于南宋，园主是南宋时期的进士。现园内仅留一方石碑，上刻诗文："万向巍然叠嶂中，泻来峻落几千重；森森桧柏松花老，又见黄山六六峰。"近千年风雨侵蚀仍巍然矗立的碑身是培筠园千年沧海桑田的历史见证。

水口园林是徽州地区特有的一种园林形式，它属于村落公共园林的一部分。水

黟县碧山村 　　　　安徽黄山潜口镇唐模村水口溪景

口,即水源的出口,是徽州古村落营建中一项重要的设置。"水口"一词,源于风水术,在清代的《地理大全》《入地眼图说》《阴阳宅》等风水术著作中均有提到,水是财富的象征,水来之处为天门,水源滚滚而来,天门才会打开,只有天门开,财则可来。

中国古村落的选址往往重视风水。元代以后,"风水之说,徽人尤重",风水文化的中心转移到了安徽徽州地区,因此徽州各地村落对于村落中水系,尤其水口的设置都十分重视。很多村落都在围绕村落的水口,修建一些亭、阁、桥廊等园林小品建筑,增植花木,也就在村口形成了带有园林性质的公共活动空间,这是徽州村落独特的公共园林景观。

一镜天开静必居

杭州郭庄,位于风光旖旎的西湖之畔,也是一处借助西湖山水便利修建的私家园林。

郭庄最初由杭州绸商宋端甫在清光绪三十三年(1907年)所建,因此俗称为"宋庄",后园林被转卖给汾阳郭氏,从此改称为"汾阳别墅",俗称"郭庄"。郭庄被誉为"西湖古典园林之冠",它不仅保存完整,而且地理位置优越,能够巧妙地将西湖的自然美景融入园中。

郭庄整体布局分为"静必居"和"一镜天开"两大景区,体现了私家园林典型的前宅后园格局。其中,"静必居"为宅院部分,用于居家和会客;"一镜天开"则是园林部分,以水景为主,又分内池和外池两部分,宅院就位于内池的东部和南部。郭庄的建筑风格典雅,融合了苏州园林的建园手法和绍兴特色,精巧别致,具有很高的艺术价值,后又不断添建了西洋式住宅和石舫,使园内景观风格更为多样。

郭庄以水为中心,引西湖水入园内形成内池和外池。"一镜天开"景区中的镜池,形状规整,水面平静如镜,园林内分布有香雪分春、乘风邀月、赏心悦目亭、景苏阁、如沐春风等诸多亭台楼阁,与周围的水面和自然景观相映成趣。郭庄内部

杭州郭庄

的园林景观以西湖和远山为背景，在景观繁多的西湖边独立而成为恬静的内庭花园，而花园又以水面为主题，将园内造景串联在一起，使建筑与周围的自然环境和谐地融为一体。

古建园林专家陈从周教授认为郭庄体现了中国古典园林的精髓。郭庄在造园艺术上的最大特点是善于"借景"，充分利用园林所在的地理位置优势，将西湖的山水景色巧妙地引入园中，与园内的建筑和水系相结合，创造出远近层次分明的景观效果，可称为浙派园林的代表。

东湖忆古

绍兴东湖是一处具有深厚历史文化底蕴的风景名胜区，也是浙江省三大名湖之一。相传东湖所在地原是名为箬篑山的青石山，秦始皇东巡时在此驻驾饮马。从汉代开始，这里逐渐成为石料场，隋唐时期仍有大规模的开山采石工程。箬篑山在漫长历史岁月中的大规模开采，使山体大半被挖空，形成了高50多米的悬崖峭壁，以及采石遗留的岩石和深入地下的清水塘。清末时在采石场筑围墙，拓宽水面，形成了现在的东湖景区，经过人们的持续营造，形成了山水相映的园林景观。

绍兴东湖的景观主要分为水景和石景，另外还有后世陆续建造的水边建筑，以自然山水景观为主，并以其独特的自然景观被誉为江南的"山水盆景"。东湖的崖壁和岩洞是其标志性景观，由古代采石形成，既有高达50多米的悬崖峭壁，也有深入地下的岩洞，并因此构成了东湖的山石奇景。如陶公洞入口仅容一艘小舟通行，内部仅有一条窄隙透光，形成一线天的岩石景观；仙桃洞则因洞口与倒影组合成巨大仙桃而得名，洞口也不大，仅能通一船。东湖内有听湫亭、霞川桥、饮渌亭等人工景点缀，也有万柳桥等石桥将湖景串接联通，这些亭桥造型美观，置于陡峭的山壁与镜面湖水之间，柔和了园区陡立、平直的线条，增添了园林的雅致。

绍兴东湖

东湖不仅是自然景观,也是书法艺术与石刻文化的融合。园内有许多摩崖石刻,包括"海上仙山""此峰自蓬岛飞来"等,体现了书法艺术之美。历史上,许多名人如孙中山、周恩来等都曾到过东湖,留下了不少诗文和故事,增加了东湖的人文价值。绍兴东湖的历史是一部融合自然景观变迁与人文活动发展的历史,通过自然和人文景观,可以感受到历史的沧桑巨变,感叹自然的雄奇与人力的伟大。

鼋头渚上赏太湖

鼋头渚是位于江苏省无锡市太湖西北岸的一个著名风景区,因一块突入太湖的巨石形状似鼋(一种类似海龟的动物)而得名,属于太湖风景区的一个组成部分。

太湖风景区以其山水组合见长,具有中国吴越文化和江南水乡特色。太湖风景区由太湖流域的苏州市、常熟市、无锡市的诸多景区、景点组成。太湖风景区地处亚热带向暖温带的过渡区,气候温和,雨量适中,四季分明,不仅自然风光旖旎,还是历代文人集聚之地,因此有丰富的历史文化遗迹。太湖梅梁湖东段环太湖湖岸线上,散落着十五块小陆地,在当地有"太湖十五渚"的说法,十五座渚岛在太湖沿岸,形成断续连绵的山水景观长达二十里,而鼋头渚地处太湖西北岸,是无锡太湖十五渚中最美的水中陆地。

南北朝时期此地建有广福庵,也是"南朝四百八十寺,多少楼台烟雨中"诗中的一处,明清两代时吸引众

鼋头渚藕花深处：在大片湖水中建有方亭，亭上有"藕花深处"牌匾，临近清芬屿四面环水，建有五间杨家祠堂建筑，湖中立奇石作为与祠堂的对景

公共园林——山高水长入园来

多文人雅士前来举办雅集，并留有较多赞颂鼋头渚的诗句，可见此名在明代已经流传开来。民国时期以其优越的地理条件，更是吸引社会各界人士前来造园。在整合原有园林、建筑基础之上形成的鼋头渚公园，在 20 世纪 80 年代后又进行了大规模的扩建，形成一座大型江南山水园林。

  鼋头渚的主要景点很多。鹿顶迎晖建在鼋头渚鹿顶山上，这里还建有舒天阁，在此可以俯瞰太湖及周边景色。山腰上建有澄澜堂和阆风亭、秋叶涧等建筑，随山势起伏设置，可以同时欣赏远处的水景和近处的山景。山脚下的鼋门楼可通向景区各处。其樱花谷是国内最大的樱花专类园，有超过 3 万株樱花。江南兰苑，是专门栽培和观赏兰花的园林。太湖仙岛，岛上有玉皇大帝像等景点。鼋渚春涛，是包括灯塔、鼋头渚石碑等的综合景点。横云山庄，是集园林、文化和旅游于一体的古建筑群。万浪卷雪，是观赏太湖波涛的好地方，附近有广福寺等古迹。

  鼋头渚不仅是自然风光的宝库，也是历史和文化的聚集地。无论是春季还是其他季节，都有不同风貌的自然风光。鼋头渚以其秀美的自然山水风光和深厚的人文内涵著称，除了樱花季节的美景，还有如七桅古船、中秋烟花大会、太湖鼋头渚渔家风情节等丰富的文化活动和体验。

寺观祠庙园林

——心驰神往地

空谷寻道,远山结庐

寺观祠庙园林作为中国园林的一个重要分支,具有悠久的历史和独特的文化价值。它们通常与佛寺、道观等宗教建筑,或神庙、祭祠等纪念性建筑相结合,不仅作为宗教和祭祀活动的场所,也是人们游览和欣赏园林美景的地方。寺观祠庙园林作为中国传统园林的重要组成部分,其历史可追溯至东汉时期,随着佛教的传入和道教的发展,寺观祠庙园林开始兴起并逐渐融入中国园林的体系中。

佛寺的修建始于东汉,最初主要作为礼佛的场所。在两晋、南北朝时期,寺观祠庙园林兴起,许多皇家园林和住宅园林被改作寺庙,寺观祠庙园林修造因此达到很高水平。寺观祠庙园林的数量和规模也都有了较多的增长。两晋、南北朝到唐、宋,佛教、道教的繁盛使得寺庙园林在数量和规模上显著增长,名山大川,自然山

湖北襄樊广德寺金刚宝座塔 ◀

南京夫子庙区域景观

水胜地几乎都有寺庙园林的存在。作为中国现存最早的古典宗祠园林建筑群，晋祠是集庄严壮观与清雅秀丽，宗祠祭祀建筑与自然山水完美结合的典范。

与皇家园林和私家园林不同，寺观祠庙园林面向广大香客和游人开放，具有公共游览的性质。寺观祠庙园林可以散布在自然环境优越的名山胜地，不像皇家园林和私家园林在地理位置上会受到限制。无论是佛教还是道教，或是儒家文人，都喜欢远离人群的空谷、远山，作为自己的修行与寻道之处。一方面通过远离人群来磨炼自己的意志，自然的环境可以最大限度地消除人为的干扰，更有助于人的精神的净化。无论佛教还是道教，或者是其他宗教，许多都讲求与自然的联通和对话，以自然为师，顺应自然来进行修行，因此最大限度地接近或深入自然环境，也是必然

南京夫子庙南部秦淮河岸边的入口区域

寺观祠庙园林——心驰神往地

的选择。名山大川通常具有优美的景观环境,宁静且具自然之美的环境也更有助于营造超凡脱俗的氛围,更有助于修行。

另一方面,人们可以通过与自然的对话来获得新的思想和灵感。寄情于山水之间,是中国自古以来文人名士的传统,隐居于名山大川、山水秀丽的自然环境中,也是高僧道人和文人雅士中较为流行的做法。

相较于皇家园林和私家园林,寺观祠庙园林往往具有更稳定的连续性,历经多个朝代都可以持续开发和维护。寺观祠庙园林在设计上擅长融合建筑与自然环境,利用自然要素,创造出富有天然情趣的园林景观。寺观祠庙园林内部通常包含宗教活动区和生活供应区,如宗教仪式、教学、生活区,以及耕种区和供香客、游人住宿的客房等。如通向寺观的道路,有时也作为寺庙园林游览的序幕景观,设置石碑、桥、亭等景观点,起铺垫、渲染宗教气氛的作用。园林游览部分随寺庙所处地理位置的不同呈现不同的布局,既有模仿自然山水的园林,也有以天然景观为主的园林。

寺观祠庙园林具有多重用途,这些用途不仅局限于宗教功能,也反映在社会文化和自然环境中的重要作用。寺观祠庙园林最初主要是作为佛教和道教等宗教活动或纪念神仙、著名人物的场所,可供修行、讲经、礼佛、打坐和举行各种宗教性、纪念性的仪式之用。许多寺观祠庙园林内设有书院或学塾,成为教育和学术研究的场所,同时也是文化交流的平台。寺观祠庙园林因其开放性,常被用作社交活动的场所,人们可以在这里聚会、交流、举行各种文化活动和节庆。寺观祠庙园林的宁静环境为人们提供了一个远离尘嚣、净化心灵、寻求精神寄托的空间。

寄情山水,山水有情

寺观祠庙园林追求意境的营造,这也是中国古典园林艺术中最为重要的美学追求之一,它体现了园林设计者通过对自然景观和人文景观的精心布局与构思,营造出一种超越具体景物的精神氛围和情感体验。寺观祠庙园林追求自然与建筑的和谐统一，强调人与自然的融合，体现出师法自然、天人合一等哲学思想。

园林设计中注重空间的层次感和深度，通过曲折的路径、隐蔽的庭院和深远的透视，营造出一种幽静深远的意境。如佛教禅宗寺庙园林尤其强调禅宗思想，通过简洁的布局、朴素的装饰和静谧的环境，引导人们进入一种超脱世俗、内省反思的心境。道教园林中的景物常常讲求最大化的自然特质，通过山水、植物、建筑等元素的巧妙组合，使之符合道教思想的一些特征，增强园林的修行氛围。寺观祠庙园林中的静物如山石、建筑与可变化的水景、植被等相结合，形成动静相宜的景观，反映出一种生动、活泼而又平和、宁静的意境。通过空间的开合、明暗对比及视线的引导，创造出虚实相生的艺术效果，使园林空间既有实体的美感，又有想象的空间。园林设计追求意境的深远，通过象征、暗示等手法，使游人在欣赏园林的同

镇江金山寺山水景观

时，能够体会到更深层次的精神和情感。这些做法，在皇家园林、私家园林中也同样被广泛使用，可以说是中国传统园林呈现出的较为统一的特征。

寺观祠庙园林往往蕴含着丰富的文化内涵，如佛教故事、道教传说、儒家思想、英雄事迹、神话解读等，这些文化元素与园林景观相结合，增强了园林的意境。在寺观祠庙园林中，自然景观被赋予神圣的地位，园林设计者通过对自然景观的模仿和强化，表现出对自然的崇拜和尊重。园林的意境有助于净化心灵，为人们提供一个远离尘嚣、恢复精神平静的空间，有助于达到心灵上的净化和升华。

在寺观祠庙园林中漫步，人们会感受到宁静、平和。寺观祠庙园林的幽静环境能够使人的心情平静下来，远离城市的喧嚣，体验到一种内心的宁静和放松。园林中的自然景观和宗教氛围有助于净化心灵，让人在欣赏美景的同时，也能够进行自我反思和精神上的洗涤。寺观祠庙园林中蕴含的丰富文化内涵，如古代建筑、雕

瘦西湖白塔

塑、碑刻、楹联、书画等，能够使人受到文化和艺术的熏陶。对于信仰者来说，寺观祠庙园林中的宗教元素能够引发对宗教教义的感悟，增强信仰的体验。

漫步在古老的寺观祠庙园林中，仿佛穿越时空，感受到历史的厚重和岁月的沉淀。园林设计的意境深远，让人在漫步时沉浸于特定情感和氛围之中。园林中的美景和独特布局常常能够激发人们的创造力和灵感，为艺术创作和思考提供源泉。

寺观祠庙园林不仅提供了宗教和纪念活动的场所，还提供综合感观上的享受，更是一种心灵上的滋养，让人们在漫步中体验到一种超越物质的精神上的愉悦。寺观祠庙园林的意境不仅是一种审美追求，更是一种精神寄托，它反映了中国古代园林艺术的深刻内涵和独特魅力。

三晋渊源地

晋祠是著名的历史文化园林，位于山西省太原市，是为纪念西周时期以此地为封地的诸侯，周成王的弟弟唐叔虞而建，始建于西周时期，距今已有3000多年的历史。晋祠历经多个朝代，包括北魏、隋、唐、宋、金、元、明、清等多个朝代在此都有扩建和修葺，从而形成了今天的规模和格局。

晋祠的建筑群位于悬瓮山麓，又是晋水的发源地，地理位置依山傍水，现有包括殿、堂、楼、阁、亭、台、桥、榭等在内的各式建筑一百多座，体现了中国古代建筑艺术的精华。晋祠不仅是一处古建筑群，也是一处集古代祭祀建筑、园林、雕塑、碑刻、古树名木等于一体的文化景观。圣母殿是晋祠的主体建筑，是宋代建筑的代表作，以其"副阶周匝"的建筑风格著称，大殿四周一圈廊柱，尤以殿前廊柱上设置八根木雕盘龙柱造型最为特别，每根柱子上都有一条龙盘柱而上，在柱头处伸出龙头，雕刻十分精美。鱼沼飞梁是中国唯一的古代木结构十字形桥梁建筑，位于圣母殿之前，展示了宋代建筑的精湛结构。晋祠另一座特色建筑是献殿，这座金代建筑以其稳固和精巧的梁架结构而知名，向人们展现了金代木构殿堂建筑的结构与样式特征。

山西晋祠全貌

　　晋祠的园林体现了中国古代园林艺术的特点，园林依托悬瓮山和晋水的优越自然条件，形成了山水与建筑的有机结合，体现了自然景观与人文建筑的和谐统一。晋祠内水系发达，以难老泉、善利泉、鱼沼泉等为代表的泉眼，构成了园林水景的核心，各水域之间通过智伯渠等水道连接，在园内形成丰富的水景效果。晋祠园林中古树参天，包括周柏、唐槐等，这些树木不仅为园林增添了历史感，也提供了宜人的遮阴环境。晋祠的每组建筑群都沿各自的中轴线布局，不同建筑群之间的中轴线并不平行或垂直，而是根据地形地貌灵活调整，形成了既有秩序感又不失自然之美的布局风格。从晋祠的入口到内部，空间序列分明，通过水镜台、会仙桥、金人台、对越坊等，引导游人逐步深入，体验园林的深度和层次。

　　晋祠的园林艺术是在历代不断修造和改建的基础上逐渐形成的，但仍能构成一个有机的整体，不仅展现了中国多个历史时期的不同建筑风格，还展现了古代园

山西晋祠圣母殿、鱼沼飞梁

林设计的精湛技艺,反映了人与自然和谐共生的哲学思想,是中国古典园林的杰出代表。

伏牛归隐处,老君山上寻

洛阳老君山,古号景室山,它是八百里伏牛山的主峰,海拔2217米,拥有千姿百态、群峰竞秀的自然景观。洛阳老君山是一处拥有两千多年道教文化历史的名山,位于河南省洛阳市栾川县。相传,老子在写完《道德经》后,骑着青牛西出函谷关,归隐于景室山。北魏时期,为纪念老子,人们在山上建起了老君庙,唐太宗李世民重修了老君庙,并赐名"老君山"。明万历十九年(1591年),老君山被正式封为"天下名山"。

老君山作为道教主流全真派的圣地,历经不断建筑和修造,山上有诸多殿阁庙宇,包括太清宫、十方院、灵官殿、淋醋殿、牧羊圈、救苦殿、传经楼、观音殿、

寺观祠庙园林——心驰神往地 259

三清殿、老君庙等十六处。老君山金顶的建筑群是一处体现了明清皇家宫殿式建筑风格的道观群,其主要建筑包括老君庙、道德府、五母金殿、亮宝台和玉皇顶。这些建筑全部按照坐北朝南的方位建造,以彰显皇家建筑的规格。五母金殿、亮宝台、玉皇顶这三座金顶建筑呈鼎立之势分别立于一座山峰的顶端,是老君山道观群的亮点,金顶建筑群也是老君山的标志性景观之一。

老君庙采用铁椽铁瓦,金碧辉煌,是中原道教圣地之一。老君庙始建于北魏时期,历代都有重修,尤其在唐代尉迟敬德监工重修后,在明朝发展达到鼎盛。道德府原名老子楼,供奉有元始天尊和灵宝天尊,门口有两尊赑屃驮仙鹤,寓意长寿。五母金殿是一座重檐十字脊建筑,富丽堂皇,华贵端庄。供奉有五位女神,包括人皇母女娲、地皇母、天皇母、西王母、无极母,她们在道教的神仙体系中都有重要

洛阳老君山金顶建筑群: 老君庙、道德府、五母金殿、亮宝台和玉皇顶这几座主体建筑,分别建立在以老君庙为中心的四座相临近的山峰顶端,犹如神话传说中的仙境

五母金殿景观区俯瞰图：五母金殿是老君山最大的一座金顶建筑，采用三重檐十字脊形式，形成四个屋顶，象征四象，又在四面各建一座两角屋顶的抱厦，暗合四象八卦

地位。亮宝台传说是供太上老君展示宝贝的地方，现在殿内供奉的是财神赵公明、利市仙官和招财童子。玉皇顶供奉的是玉皇大帝、太白金星、托塔李天王，也是中国传统文化中的天神。

这些建筑不仅在风格上保持了殿阁式的形象统一，更在布局上巧妙利用了老君山的自然地形，分设在同一山峰顶上，既孑然独立，相互之间又展现出一种若即若离的组群效果。当云雾弥漫，建筑呈现出与天地相融合的宏伟气势。

自北魏时期建庙纪念老子以来，老君山逐渐成为中原地区香客朝拜的中心，经毁毁修修现存六处，历代香火旺盛，被尊为道教圣地、天下名山。老君山记录着华北古陆块南缘十九亿年来的地质构造演化过程，是宝贵的地质公园，具有极高的科学研究价值。

泰山岱庙区域景观

东岳神府岱庙

泰山岱庙,也称东岳庙,是位于泰山南麓的一组古建筑群。岱庙始建于汉代,是古代帝王供奉泰山神灵、举行祭祀大典的场所。岱庙的建筑采用帝王宫城的式样,历经多个朝代的拓修与扩建,尤其在唐宋时期有较大规模的增建与重修。岱庙平面为长方形,总体布局以南北为纵轴线,分为东、中、西三路,体现了中国古代皇家宫殿建筑群主次分明,多轴平行,讲究对称的建筑美学。岱庙占地面积约9.6万平方米,南北长405.7米,东西宽236.7米,拥有各类古建筑一百五十余间。是泰山历史最久、规模最大、保存最完整的古建筑群之一。

岱庙建筑群色彩富丽,红墙黄瓦,室内装修、匾额题对、楹联书写等方面均体现了高超的艺术水平。天贶殿是岱庙主轴上的主体建筑,采用古代宫殿最高级别的重檐庑殿式规格,与北京故宫的太和殿、山东曲阜孔庙的大成殿并称为"中国古代三大宫殿式建筑"。岱庙不仅是祭祀泰山神的场所,也是道教文化的重要体现,其中的壁画、碑刻等都是研究中国古代文化的重要资料。天贶殿内的《泰山神启跸回

泰安泰山岱庙

銮图》壁画是岱庙壁画艺术的代表，展现了古代道教文化和精湛的绘画技艺。

岱庙内收藏有大量历代碑刻，秦代李斯小篆碑是中国现存最早的刻石之一，汉代隶书风格的代表作"张迁碑""衡方碑"等形成了著名的岱庙碑林，对研究书法艺术和泰山的历史具有重要价值，也是十分珍贵的碑刻书法作品。

岱庙的建筑群不仅在规模和形制上展现了中国古代建筑的辉煌，而且在艺术和文化上也具有极高的价值，是研究中国古代建筑和文化的重要场所。庙园林以道观园林为特色，内有古树名木两百余株，其中汉柏、唐槐最为著名。植物配置和自然景观的营造体现了道教的自然观和"天人合一"的哲学思想。

苍岩山上桥楼殿

井陉桥楼殿位于河北省石家庄市井陉县东北的苍岩山上，是福庆寺的主体建筑，也被称为苍岩山悬空寺，与山西恒山悬空寺、云南西

河北省井陉桥楼殿

山悬空寺并称为"中国三大悬空寺",是苍岩山"三绝"之一。

福庆寺始建于西晋,距今已有1700余年的历史。相传隋炀帝的女儿南阳公主曾在此削发为尼,因此福庆寺名声远扬。福庆寺内包括桥楼殿、天王殿、大佛殿、圆觉殿、灵官庙、梳妆楼、关帝庙、藏经楼、苍岩古塔、公主祠等建筑,形成依山而筑的古建筑群。

桥楼殿是苍岩山上福庆寺的主体建筑之一,底部是一座单孔石拱桥,据考证为隋代建筑,略早于著名的赵州安济桥。石桥为敞肩拱式,拱高只有2.8米,而总重量在35吨左右,上面的桥面长约15米,宽约9米,力学设计十分巧妙,轻盈地横跨在两山峭壁之间。在这座石桥上有两层高的唐式楼殿建筑,建筑翼角高翘,殿身涂朱,殿顶为黄色琉璃瓦覆盖,高架于云天雾海之上,色彩明丽,展现出高不可攀的威严和腾空飘浮的独特形象。桥楼殿内正面供奉有释迦牟尼佛、阿弥陀佛、药师琉璃光王佛三尊佛像,背面塑有观音像,殿两侧陈列十八罗汉像。

桥楼殿上方100米的弯路上,过往行人皮肤有变黄变绿的现象,这一现象至今没有确切的解释,成为苍岩山的"一奇"。井陉桥楼殿集独特的地理位置、建筑造型和神秘的隋代南阳公主在此出家的历史故事于一身,可谓有自然之险,有人为之奇,又有历史之秘,集多种优势于一体,成为北方富有传奇色彩的奇观。

浣花溪畔的杜甫草堂

杜甫草堂是中国唐代大诗人杜甫在成都的故居,759年,杜甫为避"安史之乱",携家入蜀来到成都西郊浣花溪畔建起茅屋,后称"成都草堂"。杜甫在草堂居住了将近四年,期间创作了大量诗歌。此后草堂历经兴废轮转,宋代重建时一并绘杜甫像于壁间,明、清两朝的重修,奠定了今日草堂的规模和布局。

杜甫草堂的建筑群保持着清代重建时的格局,沿中轴线布置,从照壁、正门、大廨、诗史堂到工部祠,形成一条清晰的主序列。其他附属建筑、植物园林都在主轴两侧对称设置,草堂的建筑风格古朴典雅,体现了唐代建筑的特点,没有繁复的

杜甫草堂

装饰，突出了建筑的简洁与庄严。园林的布局则体现了巴蜀园林的特色，以主体建筑为轴，周围布置建筑与植物，如亭台、廊榭和竹林等。园林中的水系与建筑巧妙融合，展现了四川田园、村舍的自然风韵，园内植物茂盛，花木品种丰富，体现了自然山林的形态。

园内收藏历代文人书写的杜诗书法作品，且雕刻在楠木上，又有宋代至清代各种杜诗的刻本、影印本及多种外文译本，形成主题纪念景观。草堂内的建筑吸取了四川当地民居建筑元素，展现了古朴清雅、质朴大方的风格，园林景观与建筑风格相得益彰，水系、植被与建筑相互渗透，形成一种自然和谐的整体美。

大明寺远景俯瞰图

鉴真讲经处,扬州大明寺

扬州大明寺是中国历史上著名的佛教寺庙,始建于南北朝时期,南朝宋孝武帝大明年间(457—464年),最初以年号命名,称为大明寺。隋代称为"栖灵寺"或"西寺",因隋朝皇帝杨坚为庆贺寿辰,下诏在此建"栖灵塔",而得名。乾隆三十年(1765年)曾被赐名"法净寺",1980年恢复原名大明寺。因唐代名僧鉴真在东渡日本前,曾在大明寺传经授戒,所以此寺对中日佛教文化交流有重要影响。

大明寺整体布局分为三个部分,中部是主体寺庙建筑,东部是栖灵塔,西部是园林式的后花园——西园。扬州大明寺的建筑群以其深厚的历史背景和独特的文化价值而著称,中部主轴线上依次建有牌楼、山门殿、大雄宝殿。大雄宝殿是大明寺的主体建筑之一,供奉着释迦牟尼大佛,两侧是其十大弟子中的迦叶和阿难,以及药师佛和阿弥陀佛。大雄宝殿之外,西侧建平山堂,东侧建平远楼,另建藏经楼用于存放佛教经典,建筑风格典雅。

鉴真纪念堂为纪念唐朝律学高僧鉴真而建,由著名建筑学家梁思成设计,保持了唐代的建筑艺术风格,1973年建成。主轴东部栖灵塔高九层,宏伟壮观,其高

大明寺西园

耸的塔身与园林风光相辅相成,成为一个重要的观景点。钟楼和鼓楼位于栖灵塔前,每年跨年举办撞钟祈福活动。主轴西侧的西园是一座富有山林野趣的古典园林,始建于清雍正年间,乾隆帝南巡后又陆续有所修建。园内古木参天,怪石嶙峋,池水潋滟,亭榭典雅,山中有湖。西园内有一口古井,称为"天下第五泉",历史上被品评为天下第五的泉水,曾被唐代诗人张又新评为煎茶的上佳水源。西园内还有一座黄石假山,假山有石门、石洞,山旁种有百年榉树,是当代扬州叠石艺人利用园中旧石堆叠而成的佳作。西园的东墙边有一座鹤冢,讲述了清朝光绪年间法净寺住持放养的一对白鹤的凄美故事。

大明寺园内蕴含着丰富的文化氛围,历代名人墨客在此留下了大量人文胜迹,如鉴真东渡的故事、乾隆皇帝的御笔石碑等。大明寺的园林不仅在自然景观上引人入胜,更在文化和历史上具有深厚的积淀,是扬州园林艺术的杰出代表。

武侯魂归处,君臣合祀祠

四川成都武侯祠又称汉昭烈庙,是纪念三国时期刘备、诸葛亮等蜀汉英雄的祠庙,始建于223年,最初是为了纪念诸葛亮而建,后来,武侯祠与刘备的陵墓（惠陵）合并，形成了中国唯一的一座君臣合祀祠庙。在历史上，武侯祠经历了多次修建和扩展。南齐时期，高帝萧道成曾诏令修立先主祠。明洪武年间，明蜀献王朱椿重修汉昭烈庙，此后历代又有所修整。武侯祠目前由刘备、诸葛亮的君臣同祀祠与安葬刘备的惠陵组成。

成都武侯祠中诸建筑现为清康熙年间重建时的布局和样貌，体现了中国传统祠堂建筑的风格，同时也承载了丰富的三国文化。武侯祠的建筑群坐北朝南，沿一条中轴线布置，包括大门、二门、汉昭烈庙、过厅、武侯祠等主要建筑。汉昭烈庙即刘备殿是武侯祠中的主要建筑之一，供奉着刘备的塑像，其建筑风格体现了帝王的尊贵。刘备殿之后的诸葛亮殿供奉着诸葛亮的塑像，展现了其作为蜀汉丞相的崇高地位。武侯祠内专门设有文武廊，分别供奉着蜀汉的文臣和武将塑像，如庞统、赵云等。三义庙是为纪念刘备、关羽、张飞的桃园三结义而建，体现了三国文化中的忠义精神。惠陵是刘备的陵墓，也位于武侯祠景区内，是三国时期的重要历史遗迹。祠内有许多珍贵的碑刻和匾联，如"三绝碑"和清赵藩撰的《攻心联》匾，具有很高的历史和艺术价值。

四川盆地的自然景观随四季变化而呈现不同的季节之美，巴蜀园林的地域特色在武侯祠得到了体现，如"纪念性""通透性"和"雅俗共赏"等。武侯祠的园林结构布局体现了古典园林艺术的精华，主次轴线控制全局，路径空间的多样性和空间界面的变化，建构了丰富的景观序列。纪念性方面，园林中的人文景观丰富，中轴对称的布局分明，主殿和庭院、单面游廊、双墙夹道等元素相结合，通过建筑形式的配合，突出了分明的主次关系，又提供了展示题名雕塑、书画雕刻、楹联碑刻的平台；通透性方面，武侯祠园林融合了祀庙园林和川西园林的特色，是一座包容性很强的综合性园林。自然景观以庭院、荷塘、陵园等为主，通过植物的疏密搭配和水系的布局，创造出开阔或幽深的视觉感受。武侯祠园林中的意境景观依托于碑刻匾额等文化元素，营造了富有层次的意境感受，通过视角和视距的变化，创造出富有节奏感的景观序列，丰富的园林人文景观相互搭配，满足社会公众的游览需要。

范蠡归隐处

无锡锡山的范蠡祠是为纪念春秋时期越国大夫范蠡而建立的。范蠡是中国古代著名的政治家、军事家、经济学家，相传他在帮助越王勾践战胜吴国后，选择功成身退，与西施一同隐居。中国浙江、山东等多个地方都建有范蠡祠。根据传说，范蠡与西施隐居于此，并曾泛舟于太湖，因此太湖在无锡的部分被称为蠡湖。在无锡，范蠡留下了许多传说，有

无锡锡山范蠡祠

很多地名都与他的故事有关，如蠡河、蠡桥、蠡园等。范蠡祠采用传统的中国式建筑风格，黛瓦粉墙、飞檐翘角。祠堂内部展示范蠡的生平事迹、政治和商业才能，以及与他相关的文化和历史。

范蠡祠所在的无锡锡山风景区临近荡口古镇，古镇内历史遗存众多，景点如华氏义庄、钱穆旧居、关帝庙等。龙光塔位于锡山顶，明正德年间由顾鼎臣提议建造，后经过多次修葺。龙光塔是无锡文风的象征，也是城市的地理标志。锡山的景点还有宛山荡湿地、严家桥花海、子璐亭、吴地古韵、南青荡玫瑰步道、蔡鸿生旧宅、馨和园、赛伦威尔、爱心岛等，这些景点各具特色，既有自然风光，也有历史遗迹和现代建筑，展现了江南水乡的特色和深厚的文化底蕴。

杭州孔庙全景俯瞰图

杭州孔庙

杭州孔庙，是一处集历史、科学、艺术为一体的文化遗址，它原是南宋临安府学所在地，始建于1131年，历史悠久，文化底蕴深厚。杭州孔庙经历了从南宋时期的府学、元明清时期的庙学，到现代的碑林博物馆的转变。它见证了杭州地区教

育和文化的发展。

杭州孔庙分为东西两个区域。西区以大成殿为核心,展示了孔庙的文化精髓,东区是典型的江南园林式庭院,有水庭、石经阁、星象馆、文昌阁等建筑。孔庙内收藏了唐至清代的各类碑刻500多石,包括帝王御笔、地方史料、名家法帖、人物画像、天文星图、水利图刻等。其中,宋高宗的《南宋石经》、贯休的《十六罗汉像刻石》、李公麟的《孔子及其七十二弟子像刻石》,以及五代的《五代石刻星象图》等尤为珍贵。这些碑刻不仅是书法艺术的宝库,也记录了杭州及周边地区在水利、盐运等方面的历史,为研究地区历史提供了宝贵资料。杭州孔庙碑林同其他地区由孔庙和地方府学演变而来的公共园区一样,是文化气氛浓郁的园林。

姑苏城外寒山寺

寒山寺是中国著名的古刹之一,位于江苏省苏州市,其历史悠久,文化底蕴深厚。

寒山寺始建于南朝梁天监年间,初名"妙利普明塔院",后因唐代贞观年间名僧寒山子在此居住而得名"寒山寺",南宋时还曾易名为枫桥寺。相传,寒山子是长安(今陕西西安)人,唐代著名诗僧,与国清寺寺僧丰干、拾得为友,其诗歌以接近口语、富含哲理著称。

唐代诗人张继的《枫桥夜泊》使寒山寺名声远扬,诗中的"姑苏城外寒山寺,夜半钟声到客船"成为千古绝唱,因此古寺吸引了众多文人名士前来,寺内遍布历代文化遗迹,如寒山子、拾得和尚石刻像,文徵明、唐寅的书法残碑和诸多石刻碑文,都成为寒山寺的人文景观。

寒山寺的建筑布局与中国传统的中轴对称式不同,而是错落有致的组合,寺中处处皆院,给人以一步一景、移步换景的感觉。寒山寺的主要建筑包括大雄宝殿、藏经楼、钟楼、碑廊、枫江楼、霜钟阁等,目前所存建筑为清光绪年间修造。其中,位于山门内的枫江楼与霜钟楼对称设置,枫江楼是20世纪50年代苏州名士将家中的花篮楼施赠寒山寺而成;大雄宝殿后部的钟楼,即为岁末敲钟之地。在另一侧的藏经楼屋顶,藏有唐僧、孙悟空、猪八戒和沙悟净的塑像。

寒山寺以岁末钟声闻名,每年除夕之夜,人们会聚集在寒山寺聆听一百零八响钟声,以求消除烦恼,迎接新年。寒山寺在海外也享有盛誉,特别是在日本,张继的《枫桥夜泊》被编入教科书,寒山寺的名字家喻户晓。

南京栖霞山中的栖霞寺

摄山栖霞处

南京栖霞山景区是一处集自然风光与历史文化于一体的著名景点,由栖霞山和山下的明镜湖构成山水相依的自然环境。栖霞山古称摄山,有龙山、虎山和凤翔峰三座山峰,以山侧种植成片枫树的枫岭而著称。

栖霞山自南朝起就是佛教圣地,在当时建有栖霞精舍,栖霞山之名也由此而来。栖霞寺始建于南齐时期,此后日渐发展壮大,到唐代时称为功德寺,已经是规模庞大的著名佛寺建筑群,乾隆皇帝曾五次亲临栖霞山,并留下御碑,寺内现存建筑大多重建于清光绪年间,也是南京地区最大的寺庙。

栖霞山的建筑以栖霞寺为核心,包括大雄宝殿、毗卢宝殿、藏经楼、鉴真纪念堂等。寺内有千佛岩,依山开凿佛像515尊。千佛岩是六朝佛教石刻遗迹,拥有大量南朝时期的石窟造像。舍利塔始建于隋仁寿元年,现存塔为南唐时建造,高约18米,是长江以南最古老的石塔之一,具有重要的历史和艺术价值。观景建筑还包括碧云亭、始皇临江处等,提供了观赏自然风光和城市景观的绝佳位置。如半馆中草药文化园,展示中草药文化和历史。历史遗迹包括小营盘遗址、御花园、陆羽茶庄等,反映了栖霞山丰富的历史文化。这些建筑不仅体现了栖霞山深厚的历史文化底蕴,也展示了自然美景和人文景观的完美结合。

栖霞山北临长江,西望燕子矶,东眺龙潭擂鼓台,属宁镇山脉西段北支,地势东高西低。栖霞山上植被覆盖率近95%,以针叶林、阔叶林、针阔混交林为主。栖霞山的自然景观以秋季红叶闻名,是"中国四大赏枫胜地"之一。

天下文枢聚秦淮

南京夫子庙又称南京孔庙、南京文庙,是"中国四大文庙"之一,具有深厚的历史文化底蕴。南京夫子庙位于秦淮河北岸贡院街,东晋咸康三年(337年),始建学宫。北宋景祐元年(1034年),在东晋学宫的基础上扩建成孔庙,祭奉孔子。南宋绍兴九年(1139年),夫子庙焚毁后重建,称为建康府学。明初成为国子学,后为应天府学。清朝时期,府学迁至城北,夫子庙原府学故地改为江宁、上元

南京夫子庙从学宫俯瞰大成殿： 可以看到远处南部入口与河道对岸的照壁

两县县学。南京夫子庙在抗日战争中遭破坏，现建筑群是于20世纪80年代修葺形成的。

南京夫子庙的建筑群以其宏伟与深厚的文化底蕴著称，是一组规模宏大的古建筑群，由孔庙、学宫和贡院三大建筑群组成。

按照前庙后学的传统布局，孔庙在前，学宫建筑在后，贡院则位于这一组建筑东侧。孔庙的建筑组成与布局也相对固定，南部入口区域设置照壁、泮池、棂星门和东西牌坊，形成庙前空间。夫子庙的照壁位于秦淮河南岸，与夫子庙隔河而设，因为这座大照壁全长110米，高约20米，是目前国内保存最大规模的照壁。夫子庙前的泮池引秦淮河而成，池后又有题为"天下文枢"的柏木牌坊一座，牌坊后是六柱三门的棂星门。棂星门两侧门洞称为持敬门，中间门洞称为大成门。

作为夫子庙的主体建筑，大成殿是祭祀孔子的圣殿，现大成殿是按清代大成殿为摹本修建而成的七间单层重檐歇山顶建筑，四周以石栏板围合，殿前有露台，四角设铜燎炉，展现出明清宫殿建筑的庄严与宏伟。

学宫位于大成殿后街北侧，原大成殿有一后墙与之分隔，重建后已无后墙，将学宫与前面的孔庙相连通。学宫包括明德堂、尊经阁等，是实行科举制度时期学子读书的最高学府。江南贡院位于夫子庙学宫东侧，是中国历史上规模最大、影响最广的科举考场，现为中国科举博物馆。明远楼位于贡院内，曾用来监视科举考试，现为科举制度陈列馆。

作为南京的母亲河，秦淮河沿岸的风光和人文景观是南京文化的重要组成部分。南京夫子庙的建筑群不仅在建筑艺术上具有重要地位，更是中国传统文化的象征，承载着丰富的历史和文化内涵。

望金山，忆古今

镇江金山寺是"中国佛教禅宗四大名寺"之一，拥有悠久的历史和丰富的文化传说。金山寺建在镇江西北的金山上，并因此而得名，佛寺始建于东晋，原名泽心寺，由唐宣宗敕名"金山禅寺"，因法海禅师在此开山得金而得名。《白蛇传》中的法海和尚是金山寺的住持，他与白娘子和许仙的故事在中国广为流传。除了神话故事之外，金山寺还与许多历史名人相关：

镇江金山寺
俯瞰图

镇江金山寺
慈寿塔周围
景观

寺观祠庙园林——心驰神往地

南宋时期，岳飞与金山寺的方丈道悦建立了深厚的友谊；梁红玉在金山寺为丈夫韩世忠击鼓助阵，共同抵抗金兵；苏东坡曾游览金山寺，并在妙高台上赏月，吟诗作对，寺内因此藏有苏东坡的玉带、周鼎、金山图和铜鼓等珍贵文物。历代文人墨客如王安石、范仲淹、辛弃疾等都留下了赞美金山寺的诗篇。

金山寺规模不大，高度也仅 44 米，金山寺的建筑群依山势而建，形成了独特的"寺裹山"风貌，即寺庙建筑与山体紧密相连，层层叠叠的建筑从山脚到山顶，殿宇楼阁借山势而独立，山势因这些建筑的矗立而显得更加高大。与大多数寺庙的山门朝南不同，金山寺的山门朝西，这与金山原耸立于江心的地理特征有关，山门向西，使得游人在寺门眺望时面对扬子江，能充分观赏到壮丽的江景。金山寺的建筑布局打破了传统的中轴线布局，而是根据山体的自然形态灵活布局，殿宇厅堂、亭台楼阁层层叠叠地建造在起伏的山上，形成了楼上有楼、楼外有阁、阁中有亭的复杂结构。

金山寺的建筑风格集中体现了唐、宋、元、清各朝建筑的艺术精华和主要特征，对后世的建筑有着深远的影响。慈寿塔是金山寺的标志性建筑，塔高约 36 米，砖木结构，七级八面，矗立于山顶，成为金山的制高点。金山寺内有法海洞，相传与《白蛇传》中的水漫金山故事有关。

金山寺是中国佛教水陆法会的发源地，对佛教文化有着重要的影响。金山寺的建筑特点不仅体现了中国古代建筑师的精湛技艺，也展示了佛教文化与自然环境的和谐统一。

道家圣地武当山

武当山，又名太和山、玄岳山，是著名的道教圣地，位于湖北省西北部的十堰市丹江口市境内。武当山在春秋至汉末已是道教活动的重要场所，秦汉时期就有许多隐士、道众到此结茅修炼。唐贞观年间（627—649 年），太宗敕建五龙祠，开创皇帝修建祠庙先例，此后许多皇帝都在武当山修建祠庙建筑。宋时皇室升五龙祠为五龙观,并创建紫霄宫。元代时建成九宫八观。明永乐年间,永乐皇帝朱棣动用三十万军民工匠,历时十二年,在武当山长达一百六十里的建筑线上建成九宫九观等三十三处建筑群,使武当山成为当时中国最大的道场。武当山古建筑群总体规划严密,主次有序,充分利用了峰峦的高大雄伟和岩涧的奇峭幽邃,使每个建筑单元都建造在峰、峦、岩、涧的合适位置上,与周围环境有机地融为一体。建筑群的布局以天柱峰金殿为中心,以官道和古神道为轴线向四周辐射,形成了"五里一庵十里宫,丹墙碧瓦望玲珑"的人间仙境。

武当山古建筑群的类型多样,用材广泛,设计、构造、装饰、陈设都达到了很高的技术和艺术成就,但在清代和民国时期有所损毁,目前以太和宫、紫霄宫和南岩宫三座道教宫观建筑为主。

玉虚宫,全称"玄天玉虚宫",位于武当山南山脚下,距离玄岳门西约八里。玉虚宫始建于明永乐年间,由明成祖朱棣敕建,是当时武当山道教宫观建筑群营建的大本营,因此俗称"老营宫"。玉虚宫的建筑规模宏大,历史上曾有"玉虚仿佛

丹江口武当山

武当山玉虚宫

秦阿房"的说法，来形容其宏伟。宫城共有三城，即外乐城、里乐城和紫金城，形成等级鲜明、规模宏大的宫城。玉虚宫的平面布局沿中轴线布置，包括山门、龙虎殿、朝拜殿、玄帝大殿、父母殿等，以及东西御碑亭、焚帛炉、配殿、廊庑、观星台、启圣殿、元君殿等建筑。

玉虚宫为玉帝的居所，这里曾是武当山规模最大的建筑群，明、清两代时遭受多次灾难，再加上近代的损毁，大部分宫殿建筑已经消失不见，但残存的两道宫墙长度就超过了1000米，可见当时建筑群的庞大。现在的玉虚宫大殿已经修复，修复后的玉虚宫大殿采用重檐歇山顶式大木结构，殿内金碧辉煌，塑像威严，陈设富丽。武当山金顶是武当山的最高胜境，金顶所在的天柱峰海拔1612米，是武当山七十二峰中最高的。金顶上的太和宫始建于明永乐十年（1412年），由明成祖朱棣敕建，在太和宫内又建有紫金城，另有墙体围合，是武当山最重要的道教建筑之一。太和宫的建筑群依山就势，布局严谨，充分体现了中国古代建筑艺术的精华。主要建筑有正殿、朝拜殿、钟鼓楼、金殿、皇经堂、铜殿等。其中，金殿是太和宫的标志性建筑，建在天柱峰的最高点上，明代建成时不对普通信众开放，供奉着真武大帝的铜像。铜殿是元代铜铸仿木结构宫殿式建筑，采用了失蜡法铸造，遍体镏金，结构严谨，合缝精密，代表了当时科学技术和铸造工业的重大发展，明代扩建时，将这座铜殿转运到小莲峰上，并建殿堂陈列，流传别名"转运殿"，千百年来吸引人们前来转圈朝拜，以乞好运。

武当山南岩宫，全称"大圣南岩宫"，是武当山三十六岩中风光最美的一处，也是道教所称真武得道飞升的"圣境"。南岩宫始建于元代，因位于武当山南岩之上而得名，明永乐年间在原有基础上扩建，赐额"大圣南岩宫"。南岩宫的建筑依山而建，宫殿建筑与险峻的山石相互依存，与自然景观巧妙融合于一体，体现了中国古代工匠高超的修造技艺。现存建筑包括元代的石殿，以及明代的南天门、碑亭、南岩宫大殿等。石殿采用青石雕琢而成，仿木结构，是南岩宫的精华所在。南岩宫大殿又称玄帝殿，在大殿后方即是深不可测的黑虎涧，在此可遥望天柱峰。

武当山南岩宫

武当山金顶建筑群

南岩宫有著名的龙头香景观,即伸出悬崖的石雕,长3米,宽仅0.33米,横空挑出犹如龙头,此岩下临深谷,岩头上置一小香炉,险峻异常。由于烧龙头香极其危险,清康熙年间曾下令禁烧。南岩宫的自然景观自成一派且壮美,峰岭高峻,林木幽深,尤其南岩宫大殿临绝涧而立,显得更加挺立。

从隋唐至宋、元、明三朝,武当山都因被皇室所推崇而大兴建造道教宫观建筑,在此形成的中国道教武当派,由张三丰在明代创立,各种传说、故事广泛流传于各地。难能可贵的是,武当山在漫长的修造过程中,历代仍注重自然地势、林木风貌的保持,将规模最大的建筑群玉虚宫建于山脚下,以自然山地面貌为基础,搭配建筑并与之协调,因此很大程度地保存了地理和地势的自然姿态。

庐山东林寺

净土东林文风盛

庐山东林寺是中国佛教净土宗的发源地,拥有1600多年的历史。它由东晋时期的名僧慧远大师在386年创建,位于庐山西北麓,因位于西林寺以东,故称东林寺。

由于慧远大师在此弘扬净土宗风,吸引了许多社会名流、文人雅士和达官贵人前来朝拜,形成了集修行、学术、研究、交流、翻译于一体的中国化佛教大趋势,并在此创立了佛教第一个社团白莲社,因此成为佛教在南方发展的一个重要中心。

东林寺在唐代达到鼎盛,成为佛教八大道场之一,鉴真和尚东渡日本前曾到访东林寺,将慧远和东林的教义传入日本。寺内有众多文物和历史遗迹,如唐代尊胜陀罗尼经幢、译经台、聪明泉等。由于佛教活动鼎盛,也吸引了历代文人名士前来,在东林寺留下了诸多墨宝,因此寺内诗碑林立,也成为重要的文化遗存,古今历代著名的文人李白、杜甫、白居易、王昌龄、张九龄、王阳明、康有为等都有刻石在此留存。

天台山罗汉地

浙江台州方广寺位于天台山地区，早在宋建中靖国元年（1101年）初建时称石桥寺，据传说彼时西域高僧昙猷法师在此修行，他过石桥时见五百罗汉或坐，或卧，或立，或行，后在此结庐修禅，后人重建更名为方广寺，有上、中、下寺三座寺院构成，上寺因大火已毁，目前只有中寺和下寺留存下来。

中方广寺位于浙江省天台县天台山北部，坐落于石梁瀑布西侧的山坡上。历代曾多次毁建，现存的建筑多为1980年至1983年重建的。

中方广寺的建筑有昙华亭、五百罗汉铜殿、大雄宝殿、香积厨、僧寮等。昙华

台州中方广寺 ▶
台州下方广寺 ▼

亭位于石梁之上，可以俯瞰溪水深潭和飞瀑全景，由天台籍宰相贾似道为纪念其父贾涉所建。五百罗汉铜殿是寺内的镇山之宝，始建于五代十国时期。铜殿内有五百罗汉的浮雕，是天台山的重要文物。大雄宝殿风格独特，气宇轩昂，与天台山其他寺院的建筑风格不同，具有亦亭亦寺的特点。还有供奉观音菩萨的观音殿和供奉开山祖师的祖师堂。

寺内有一株约三百多年树龄的黄檀，据说僧人常可根据其生长变化预测当年旱涝灾情。石梁一带的岩壁上有历代名人的摩崖石刻，包括米芾的"第一奇观"等，共有二十余处。中方广寺的建筑和自然景观交相辉映，形成天下奇观，是天台山重要的文化和宗教地标。

下方广寺，又名古下方广寺，位于浙江省天台县石梁镇石桥山下，是天台山方广寺的下寺。经历代兴废，现存建筑为清代重修。下方广寺是佛教五百罗汉应真之所，寺内供奉有五百罗汉雕像，保存着东晋时期楠木雕刻、国内历史最悠久的镀金五百罗汉像。

下方广寺四周竹树繁茂，风景清幽，只有瀑布水声笼罩。寺附近历代摩崖石刻达三十多处，如宋丁大荣所书"盖竹洞天"、明甘雨所书"飞梁悬瀑"、清康有为所书"石梁飞瀑"，都是十分珍贵的人文遗产。

1984年，国清寺方丈唯觉法师重塑五百罗汉像，设堂供奉，寺内有大殿、五百罗汉堂、念佛堂、僧房等。下方广寺以天台山石梁景观而闻名，石梁飞瀑自天而降，景观壮丽，寺前有古代石拱桥一座，站在桥上，可仰望石梁飞瀑，蔚为壮观。

龙头山麓宝陀寺

宝陀讲寺是位于浙江省舟山市普陀山的一座佛教寺庙，是普陀山的第四大寺，位于普陀山北部的龙头山麓。宝陀讲寺的原址，曾经是庐干庵，新寺于1999年开始兴建，建筑群采用了北方明清宫廷式建筑风格，结合了南方古建筑的特点，整体建筑金碧辉煌，雄伟壮丽。

普陀山宝陀讲寺

普陀山宝陀讲寺前有一座仿北京北海公园样式的琉璃照壁，上面镶嵌着"福聚海无量"五个大字。广场中间设有一座三门四柱的京式牌坊，其上七色斗拱、黄龙盘绕，整个建筑华丽壮观。院内钟楼、鼓楼两座建筑左右对称，具有中国传统建筑特色。主体建筑圆通宝殿仿北京太和殿建造，殿外有三台设汉白玉栏杆环绕，殿中供奉着观世音菩萨。普门讲堂是一个可以容纳800人听经的讲堂，位于圆通宝殿之后。

普门讲堂东侧设有方丈院，而西北方向则建有圆顿戒坛，为僧众受戒之所。宝陀讲寺还设置了一个天池石窟，是参照洛阳龙门石窟卢舍那大佛群像精心雕刻的，中间是阿弥陀佛座像，周围有阿难尊者、迦叶尊者及观世音菩萨和大势至菩萨立像等。大宝楼阁的底层为智者大师纪念堂，二层供奉着天冠弥勒，三层则供奉着玉质的弥勒小像，共有567尊，象征着弥勒大士将来降生成道。

宝陀讲寺两侧有金沙两湾，依山濒海，南面可以远眺"海上卧佛"洛迦山及东北的葫芦岛，对面是江苏的标志性建筑万佛宝塔，周围自然景色十分迷人。

洱海遗珠小普陀

云南大理洱海小普陀是一座位于云南省第二大湖泊大理洱海东部的一个小岛，面积大约100平方米，高出水面12米，全由石灰岩构成。据传，观音开辟大理坝子时，在这里的海面上丢下一颗镇海大印，即为小岛，小普陀岛因此又被称为海印。因此渔民们在小岛上建观音阁，用以镇风浪、保护渔民，并将小岛东部的一个渔村取名海印村，将小岛叫作小普陀山，意为观音修行之处。

小普陀始建于明代，标志性的观音阁是两层的亭阁式建筑。一层供奉如来菩萨，二层供奉观音菩萨。小普陀岛是洱海里风光明媚的景点，也是佛教文化浓郁的地方。每年10月底有成群的海鸥在海边生活、嬉戏，是游客观赏和喂食海鸥的好时节。

小普陀岛东面的洱海岸边有天然渔港，海印村就是位于港口旁边的小渔村。海印村居民全是白族，他们保留着许多白族的传统习俗。海印村与小普陀岛之间的距离只有130米，水性好的村民，从村里到岛上不费力气几分钟就可游过去。在传统节日期间，小普陀成为人们祭祀神灵、休闲娱乐的好去处。尤其在清晨雾气笼罩之下的小岛，真犹如仙境一般。

云南洱海小普陀

参考文献

[1] 潘谷西. 江南理景艺术 [M]. 南京：东南大学出版社，2001.

[2] 谢燕，王其钧. 民间园林 [M]. 北京：中国旅游出版社，2006.

[3] 王其钧. 华夏营造：中国古代建筑史 [M]. 2版. 北京：中国建筑工业出版社，2010.

[4] 王其钧. 中国建筑图解词典 [M]. 北京：机械工业出版社，2021.

[5] 王其钧. 中国园林图解词典 [M]. 北京：机械工业出版社，2021.

[6] 冈大路. 中国宫苑园林史考 [M]. 瀛生，译. 北京：学苑出版社，2008.

[7] 张家骥. 中国造园艺术史 [M]. 太原：山西人民出版社，2004.

[8] 李玉民. 山西古建筑通览 [M]. 太原：山西人民出版社，2001.

[9] 中国科学院自然科学史研究所. 中国古代建筑技术史 [M]. 北京：科学出版社，1985.

[10] 周维权. 中国古典园林史 [M]. 3版. 北京：清华大学出版社，2008.

[11] 傅熹年. 中国科学技术史·建筑卷 [M]. 北京：科学出版社，2008.

[12] 张家骥. 中国造园艺术史 [M]. 太原：山西人民出版社，2004.

[13] 彭一刚. 中国古典园林分析 [M]. 北京：中国建筑工业出版社，1986.

[14] 徐建融. 园林·府邸 [M]. 上海：上海人民出版社，1996.

[15] 章采烈. 中国园林艺术通论 [M]. 上海：上海科学技术出版社，2004.

[16] 曹林娣. 中国园林文化 [M]. 北京：中国建筑工业出版社，2005.

[17] 陈从周. 中国园林鉴赏辞典 [M]. 上海：华东师范大学出版社，2000.

[18] 苏州园林管理局. 苏州园林 [M]. 上海：同济大学出版社，1991.

[19] 孙传余. 园亭掠影：扬州名园 [M]. 扬州：广陵书社，2005.

[20] 许少飞. 扬州园林 [M]. 苏州：苏州大学出版社，2001.

[21] 王舜. 承德名胜大观 [M]. 2版. 呼和浩特：远方出版社，2009.

[22] 洪振秋. 徽州古园林 [M]. 沈阳：辽宁人民出版社，2004.

[23] 刘敦桢. 苏州古典园林 [M]. 北京：中国建筑工业出版社，2005.

[24] 陆琦. 岭南造园与审美 [M]. 北京：中国建筑工业出版社，2005.